"十三五"国家重点出版物出版规划项目

现代机械工程系列精品教材

工业机器人离线编程仿真技术与应用

主　编　刘怀兰　欧道江

副主编　陈淑玲　阁辰皓　朱晓玲　袁　博

参　编　岳　鹏　赵文杰　王天正　李伟杰

　　　　黄舒欣　黄　思

主　审　杨建中

机械工业出版社

本书总共分为七个大项目：项目一离线编程基础认知，项目二离线编程基本仿真工作站搭建，项目三轨迹示教与仿真，项目四复杂轨迹的离线编程与仿真，项目五轨迹代码后置处理，项目六基于机器人-变位机的轨迹生成，项目七生产线的搭建、编程与仿真。其中项目一至项目五为本书的基本模块，系统阐述了离线编程的基本知识及其应用于工业机器人编程的具体步骤；项目六以"工业机器人焊接"为案例讲解了工业机器人结合变位机的编程技术，系统地阐述了变位机的控制方法和变位机在离线编程软件中与机器人协调运动的轨迹生成方法；项目七介绍了 InteRobot 软件在制造系统这一典型离散事件系统中的建模与仿真方法。

本书选用华数机器人开发的 InteRobot 离线编程软件，以项目式教学方法来组织教材内容。其中依据知识难度与任务复杂度，按照"由浅入深"的原则设置了学习单元：将每个项目分为了"项目目标""知识结构""若干项目任务""项目总结""扩展训练"等。每个任务又包含了"任务描述""知识准备""任务实施""知识扩展/任务扩展"等部分，读者在完成项目学习的同时还能够提高其发现、解决实际问题的能力。

本书适合作为本科院校机器人工程、机械工程、自动化与智能制造工程等专业和高职院校工业机器人、机电一体化、机械工程、自动化与智能制造等相关专业的核心教材，也可作为智能制造与自动化工程技术人员的进修与培训用书。

图书在版编目（CIP）数据

工业机器人离线编程仿真技术与应用/刘怀兰，欧道江主编．—北京：机械工业出版社，2019.8（2023.12 重印）

"十三五"国家重点出版物出版规划项目　现代机械工程系列精品教材

ISBN 978-7-111-63006-7

Ⅰ．①工…　Ⅱ．①刘…②欧…　Ⅲ．①工业机器人-程序设计-高等学校-教材②工业机器人-计算机仿真-高等学校-教材　Ⅳ．①TP242.2

中国版本图书馆 CIP 数据核字（2019）第 120810 号

机械工业出版社（北京市百万庄大街 22 号　邮政编码 100037）
策划编辑：余　皞　责任编辑：余　皞
责任校对：朱继文　封面设计：张　静
责任印制：刘　媛
涿州市殷润文化传播有限公司印刷
2023 年 12 月第 1 版第 3 次印刷
184mm×260mm · 14.5 印张 · 359 千字
标准书号：ISBN 978-7-111-63006-7
定价：39.80 元

电话服务　　　　　　　　网络服务
客服电话：010-88361066　　机 工 官 网：www.cmpbook.com
　　　　　010-88379833　　机 工 官 博：weibo.com/cmp1952
　　　　　010-68326294　　金 书 网：www.golden-book.com
封底无防伪标均为盗版　　机工教育服务网：www.cmpedu.com

前　言

　　"工业机器人是一种自动定位控制、可重复编程的多功能和多自由度的操作机"。工业机器人在我国已广泛应用于各行各业，而工业机器人在生产过程中的应用主要是通过编写程序来实现的。编程的方法分为示教编程与离线编程，离线编程是通过算法和仿真技术进行空间复杂轨迹的编制来解决复杂生产工艺中的机器人操控问题的，从而解决示教编程无法解决的工艺问题，因此该技术在复杂生产过程中的应用占据着越来越重要的地位。而具有离线编程仿真能力，可以解决工业机器人应用问题的人才却非常缺乏。同时普通本科高校和职业院校也缺乏合适的教材和相关的环境与案例来开设本课程。

　　本书在编写时联合相关科研机构、高校、企业的多位工业机器人技术与应用专家，提炼多个典型工业应用案例，理论和实践相结合，力争使在校学生通过学习本书掌握工业机器人离线编程与生产线虚拟仿真技术。

　　本书选用华数机器人开发的 InteRobot 离线编程软件，采用项目式教学方法组织教材内容；其中依据知识难度与任务复杂度，按照"由浅入深"的原则设置了学习单元：将每个项目分为项目目标、知识结构、若干项目任务、项目拓展、项目总结等，每个任务又包含了任务描述、知识准备、任务实施、知识拓展或任务拓展等部分，在完成项目学习的同时还能够提高发现、解决实际问题的能力。

　　本书适合作为本科院校机器人工程、机械工程、自动化与智能制造工程等专业的核心教材，也可作为智能制造与自动化工程技术人员的进修与培训用书。

　　本书配套有大量的模型素材、高清实物图片、教学视频等多媒体教学资源以帮助学生学习，在学习的过程中可登录本书配套数字化课程网站 http：//www. accim. com. cn（智能制造立方学院）获取相关数字化学习资源；对于书中的配套教学资源，可以下载专用 app 后通过扫描书中的二维码进行观看。另外，为本书制作配套资源的课程开发团队针对离线编程经典项目应用，开发了大量的教学资源，包括课程演示文稿、微课、教学实训手册、教案、离线编程综合考核题目、教学大纲等。课程资源的相关内容可以联系武汉高德信息产业有限公司（E-mail：market@ gdcourse. com）获取。

　　本书由华中科技大学机械科学与工程学院刘怀兰副教授和佛山智能装备研究院欧道江博士任主编，国家数控工程中心杨建中教授为主审，武汉软件工程职业学院陈淑玲、武汉高德信息产业有限公司阁辰皓、武汉职业技术学院朱晓玲和武汉城市职业学院袁博任副主编，参加编写的团队成员还包括华中科技大学硕士研究生岳鹏和赵文杰、国家数控工程中心王天正、李伟杰、黄舒欣、黄思。

　　在本书的编写过程中，华中科技大学、国家数控工程中心、佛山智能装备研究院、武汉职业技术学院、武汉软件工程职业学院、武汉城市职业技术学院、武汉华中数控股份有限公司、佛山华数机器人有限公司和武汉高德信息产业有限公司等院校和企业提供了许多宝贵的建议和大力支持，在此郑重感谢。

　　由于编者水平有限，书中难免存在不足之处，敬请广大读者批评指正。

编　者

目　录

项目一

离线编程基础认知

【项目目标】

◇ 知识目标

1. 了解机器人编程的常用方法。
2. 了解各类编程方法的优缺点。
3. 了解各类典型离线编程软件。
4. 了解离线编程软件的主要功能。
5. 了解离线编程软件的关键技术。

◇ 能力目标

1. 掌握 InteRobot 软件的界面基本操作方法。
2. 掌握 InteRobot 软件的安装与授权操作。

【知识结构】

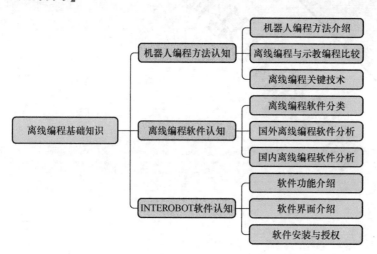

任务一 机器人编程方法认知

【任务描述】

　　机器人编程语言和环境传统上分为离线编程（在虚拟环境中进行编程）与在线示教编程（在实际现场中进行编程）两种。通过学习本任务，首先可以对离线编程与在线示教编程两种典型方法有一定的了解，明确它们各自的特点；其次，了解离线编程相对于在线示教编程在进行工业机器人编程时所具有的优点，同时了解离线编程软件未来发展的关键技术。

【知识准备】

1.1.1 编程方法分类

　　随着机器人技术的不断发展，越来越多种类的机器人进入工厂代替人类进行劳动生产，机器人的运动形式也变得更加复杂，因此控制机器人进行任务操作的机器人编程也得到了快速的发展。机器人编程是通过逻辑程序调用相关的运动指令，使机器人实现按照预定轨迹进行位姿转换的运动控制技术。现在主流的机器人编程方法有示教编程、离线编程两种。

1）示教编程。机器人示教编程是操作者在生产现场，通过直接控制末端执行器按照预定轨迹进行运动，同时计算机将关键路径点位信息进行记录，从而实现机器人加工轨迹编程的一种技术。在运行时，机器人只需要读取在关键点所记录的参数信息，就能够实现加工轨迹的再现。因此，机器人示教操作的控制步骤可以概括为示教、编程和轨迹再现三个部分。由于示教编程时需要使用实际机器人进行编程，因此也被称为在线示教编程。

2）离线编程。机器人离线编程是利用计算机图形学构建加工场景的三维虚拟模型，结合相应的规划算法，通过对仿真图形的控制驱动，实现在离线状态下进行加工轨迹规划的技术方法。它为用户提供了一个软件平台，让用户在软件中还原真实加工场景，配合用户的操作，自动生成符合加工需求的工业机器人运动轨迹，即控制指令。通过离线编程，用户可以根据仿真情况，发现加工过程中会出现的问题，及时对路径进行调整与优化，最后生成工业机器人程序。

随着加工技术的不断创新，被加工件的工艺要求也变得更为复杂化，这种发展趋势就要求机器人能够实现更加复杂、更加精准的加工路径。

1.1.2　编程方法比较

在现代工业生产中，离线编程技术与在线示教编程技术都得到了很广泛的应用，但是编程方法的不同使得两种技术有着不同的特点，见表1-1。

表1-1　离线编程与示教编程特点分析

	在线示教编程	离线编程
应用场合	简单的运行轨迹	可实现复杂运行轨迹
路径生成	驱动机器人记忆示教点	软件自动生成最佳路径
程序验证	机器人再现运行	利用软件仿真运行
编程场景	实际的机器人与加工环境	搭建相关仿真场景模型
操作员要求	要求有实际加工经验	实际操作经验要求不高

由于在线示教编程是操作者通过示教器直接对实际机器人进行控制操作，因此能够很好地达到机器人运动轨迹的正确性以及精确度的要求，实现在程序编辑的过程中同步地修正由机械结构所产生的误差。但同时示教编程也存在编程过程烦琐、示教器种类多样、容易发生设备碰撞以及复杂路径编写困难等缺陷，这也在一定程度上限制了在线示教编程的适用范围。

离线编程技术较传统的在线示教编程，大大缩短了产品生产周期，提高了工业机器人生产加工的质量和效率，降低了作业风险。利用离线编程的可视化与可调整布局方案以及精确的运动轨迹控制，能够很好地保证产品的加工质量，进而实现降低生产风险的目的。离线编程主要有以下几个方面的优点：

1）离线编程软件结合了计算机辅助设计（CAD）和计算机辅助制造（CAM）技术，能够直接自动生成工件模型的最优加工路径，减轻了编程难度，缩短了编程周期。

2）软件具有多样化的资源库，便于操作者使用不同的设备进行编程。

3）加工仿真过程中的碰撞干涉检测等功能可以帮助操作者预测机器人运动过程中可能存在的问题。

4）软件可以进行路径优化操作，并结合机器人学内容对加工轨迹的可达性进行分析处理，保证机器人加工的正确性。

5）在计算机虚拟端进行控制程序编写，不会占用实际机器人工作时间，对生产过程影响小。

6）通过生产线加工过程仿真，能够实现加工设备生产布局、工艺流程生产节拍控制以及预测工件的生产周期等功能。

1.1.3 离线编程的关键技术

机器人离线编程技术正朝着集成的方向前进，其中包含了多个领域中的多个学科，为推动这项技术的进一步发展，以下几个方面的技术是关键。

1）多传感器融合的建模与仿真技术。随着机器人智能化的提高，传感器技术在机器人系统中的应用越来越重要。因而需要在离线编程系统中对多传感器进行建模，实现多传感器的通信，执行基于多传感器的操作。

2）错误检测和修复技术。系统执行过程中发生错误是难免的，应对系统的运行状态进行检测以监视错误的发生，并采用相应的修复技术。此外，最好能达到错误预报，以避免不可恢复的动作错误的发生。

3）各种轨迹规划算法的进一步研究。使轨迹规划算法能够支持离线编程软件应用于具有复杂性、不确定性和运动性的环境中。

4）具体应用的工艺支持。在某些离线编程技术应用比较困难的领域，例如弧焊加工，所需要解决的不仅是机器人加工过程中的轨迹以及姿态问题，而且还需要更多工艺方面的研究以及相应的专家系统作为支持。

5）研究一种通用有效的误差标定技术，能够很好地应用于各种实际加工现场的工业机器人的标定。

随着视觉技术、传感技术、智能控制、网络和信息技术以及大数据等技术的发展，未来的机器人编程技术将会发生根本的变革，主要表现在以下几个方面。

1）编程将会变得简单、快速、可视，同时通过软件进行轨迹路径的模拟和仿真也将立等可见。

2）基于视觉、传感、信息和大数据技术进行环境和工件等 CAD 模型的感知、辨识、重构，进而自动获取加工路径的几何信息。

3）基于互联网技术实现编程的网络化、远程化、可视化。

4）基于增强现实技术实现离线编程和真实场景的互动。

5）根据离线编程技术和现场获取的几何信息自主规划加工路径、设置参数并进行仿真确认。

总之，在不远的将来，传统的在线示教编程将只在很少的场合得到应用，比如空间探索、水下、核电等，而离线编程技术将会得到进一步发展，并通过 CAD/CAM、视觉技术、传感技术、互联网、大数据、增强现实等技术的深度融合，实现路径的自主规划，自动纠偏和自适应环境。

思考与练习

填空题

1. 现在主流的工业机器人编程方法有_____、_____。

2. 工业机器人在线示教操作的控制步骤可以概括为_____、_____、_____三个部分。

3. 工业机器人在线示教编程的优点在于能够很好地达到机器人运动轨迹的_____、_____同步地修正由_____产生的误差。

4. 工业机器人离线编程的关键技术有多传感器融合的建模与仿真技术、_____、_____、_____、误差标定技术。

判断题

5. 示教编程能够进行复杂轨迹路径的编程。　　　　　　　　　（　　）

6. InteRobot 离线编程软件不能够进行生产线仿真。　　　　　（　　）

问答题

7. 在现代实际工业生产中，哪种编程方法是最为常用的？

8. 离线编程方法会在哪些工程实际方面进行应用？

任务二　离线编程软件认知

【任务描述】

随着计算机、运动学以及优化算法等技术的不断提高，工业机器人离线编程软件的功能也日益完善，越来越多的工艺领域开始使用离线编程的方式进行机器人加工轨迹创建，并根据适用范围将离线编程软件分为专用型与通用型两类。通过学习本任务，可以了解专用型与通用型两类离线编程软件的分类标准以及各自特点；其次，了解国内外典型的离线编程软件，同时了解各软件的特点。

【知识准备】

随着离线编程技术不断地创新开发，软件根据所支持机器人类型的不同，可划分为通用型离线编程软件和专用型离线编程软件。

1）通用型离线编程软件。这种类型的编程软件一般是由第三方的软件公司进行设计开发，它可以支持多数主流生产厂家的机器人，而不是固定的一种类型品牌机器人，因此具有很好的通用性，但也使得其在机器人功能的完整性上劣于专业型离线编程软件。RobotMaster、ROBCAD、RobotWorks、RobotMove 等都属于通用型离线编程软件。

2）专用型离线编程软件。与通用型离线编程软件不同，专业型离线编程软件一般只支持本品牌的机器人，它一般是由机器人生产厂家自行设计或委托第三方的软件公司在机器人本身控制系统上进行设计开发的软件，如 ABB 公司的 RobotStudio、FANUC 公司的 Robot-

Guide、YASKAWA（安川）公司的 MotoSim EG、KUKA（库卡）公司的 KUKA Sim 等。由于软件的开发人员可以得到机器人的底层数据，所以这类软件具有很好的兼容性和实用性。

1.2.1 国外离线编程软件介绍

1. Robot studio

Robot Studio（图 1-1）是现在工业生产中最为常用的专业型离线编程软件之一，是瑞士 ABB 公司为机器人编程使用所开发的配套产品。它可以用于 ABB 机器人全生命周期的仿真预览，并对现有机器人逻辑程序进行优化设置等。软件所具有的功能可以概括如下。

图 1-1　Robot Studio

1) CAD 导入。包括 IGES、STEP、VRML、VDAFS、ACIS 以及 CATIA 等各种主流 CAD 格式数据均可以直接导入软件中，利用这些精确的模型数据为基础，就可以构建出精确度较高的机器人轨迹程序。

2) 路径自动生成。软件可以根据所导入模型的特征自动生成机器人加工轨迹中关键路径点的位姿信息。

3) 加工模拟仿真。通过对所创建工作站进行仿真模拟，操作者可以直观地看到所编写程序在实际驱动过程中机器人姿态的变化。

4) 路径优化。检测加工运动过程中机器人的奇异位姿点，并用红色线条进行提醒说明。

5) 可达性分析。通过操作显示机器人加工范围，进行工件位置的可达性分析，完成对加工模块的布局优化调整。

6) 工艺功能包。针对不同的加工环境集成相应加工内容，实现离线编程与相关工艺深度融合。

7）碰撞检测。碰撞检测功能可以帮助操作者进行机器人加工过程中的实时检测，避免程序在实际使用时出现碰撞意外。

缺点：由于属于专用型离线编程软件，所以尽管可以支持其他品牌工业机器人，但是兼容性较差。

2. RoboGuide

RoboGuide（图 1-2）是发那科机器人公司所开发的离线编程工具，同样属于专业型离线编程仿真软件。RoboGuide 软件除了能够进行加工设备布局、TP 示教、运动轨迹模拟等常用功能模块外，其还具有多种工艺仿真模块，能够实现去毛刺、倒角等工件加工工艺的仿真；机床上下料、冲压、装配、焊接、码垛、喷涂等工艺的仿真。同时通过导入不同的集成工艺包，进行相关加工环境场景的加载，实现特定加工工艺内容的专业化编程仿真。另外，RoboGuide 还可以使用插件进行软件功能的拓展，如寿命评估插件可以基于减速机寿命最大化进行程序优化，或是在寿命不变的情况下寻找最优生产方式。主要特点：

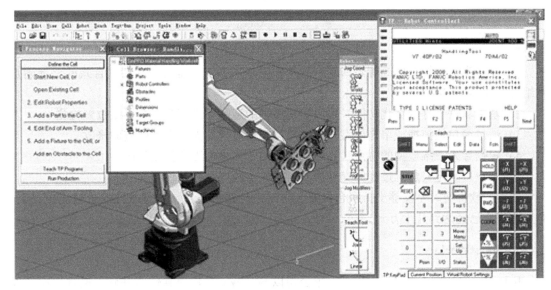

图 1-2 RoboGuide

1）可以通过 iR 拾取模块生成高速视觉拾取程序，并进行跟踪仿真。

2）软件与真实机器人连接后，可以检测机器人系统中的加工程序。

3）可以对所生成机器人控制程序进行优化以及运动故障诊断。

缺点：与其他专业型离线编程软件相同，对于其他厂家机器人的兼容性较差。

3. RobotMaster

RobotMaster（图 1-3）是加拿大的一款通用型离线编程软件，它能够支持市场上大多数的机器人。它将编程、仿真以及代码输出等功能进行集成，有效地提高了机器人进行离线编程的速度。现在 RobotMaster 被广泛应用于物料切割、雕刻、焊接、打磨、抛光等方面，是目前国外通用型离线编程软件中较为先进的一款。

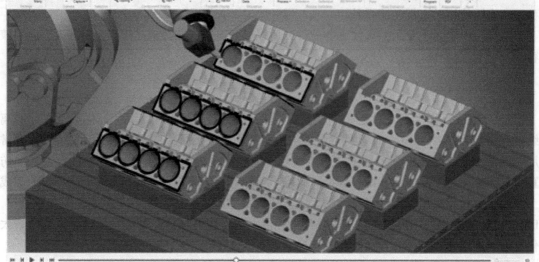

图1-3　RobotMaster

优点：

1）能够支持直线导轨或旋转回转台的外部附加轴系统，也可以支持复合式的外部附加轴组合系统。

2）基于软件良好的优化功能，可以实现精确的运动学规划和碰撞极限位置检测。

3）通过简单地拖拽或单击模型操作就能够实现对机器人位姿和轨迹的修改。

4）根据导入三维模型的特点，自动生成适用于多种加工的控制程序。

5）用户可自定义加工过程的交互界面、操作术语以及控制设置。

缺点：软件暂时不能够支持多台机器人同时进行模拟仿真，而且软件的价格比较昂贵，企业版售价已经达到几十万元。

4. RobotWorks

RobotWorks（图1-4）是以色列一家公司以SolidWorks建模软件为基础，进行二次开发的一款机器人离线编程软件。它拥有很全面的数据接口，可以与多种形式的数据进行信息转换；拥有丰富的工业机器人资源库，能够支持多类型机器人进行仿真模拟；拥有开放的工艺数据库，用户可以自定义添加特殊工艺内容。

优点：

1）具有丰富多样的轨迹生成方式。

2）仿真时能够自动进行碰撞检测、超载检测、路径调整等功能，实现加工轨迹优化。

3）能够进行多台工业机器人的模拟仿真，同时也可以添加外部轴运动。

缺点：由于软件是基于SolidWorks进行二次开发的，所以只有购买SolidWorks软件才能够使用本软件。同时软件也存在缺乏CAM功能集成、编程难度较大、运动学分析的智能化程度较低的劣势。

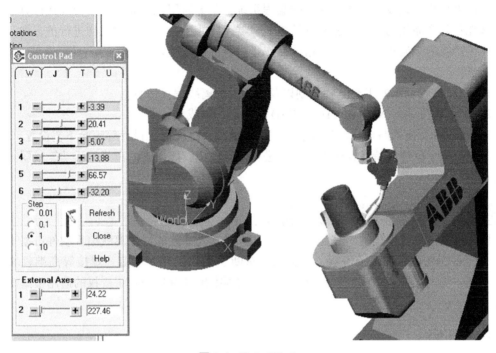

图 1-4　RobotWorks

5. ROBCAD

ROBCAD（图 1-5）是德国西门子公司旗下的一款离线编程软件，是运行在 SGI 图形工

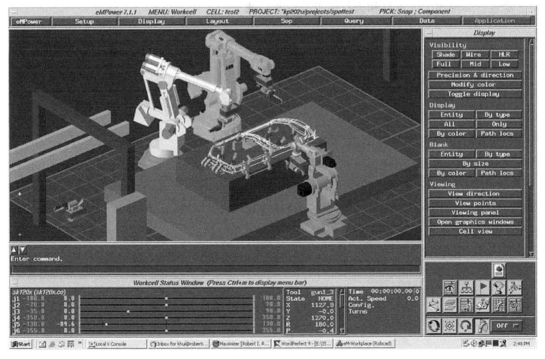

图 1-5　ROBCAD

作站上的大型机器人设计、仿真和离线编程系统，其集通用化、完整化、交互式计算机图形化、智能化和商品化为一体。能够支持多台机器人或非机器人的运动机构进行仿真加工，实现加工生产线的全流程模拟仿真，帮助操作者进行准确的工艺节拍预测。

优点：

1）支持点焊加工的工艺流程规划以及生产线的离线编程仿真。

2）能够很好地与 NX、CATIA 等 CAD 软件进行集成。

3）可以进行包括路径自动生成、厚度仿真模拟、过程优化设计等喷涂工艺设置。

缺点：由于软件的特点在于对生产线进行仿真模拟，所以它的离线编程功能较弱；软件的售价比较高。

1.2.2 国产离线编程软件介绍

国外机器人离线编程的研究起步较早，四大机器人家族的专用离线编程软件占据了工业机器人产业 70% 以上的市场份额，并且几乎垄断了工业机器人制造、焊接等高端领域。但近些年来，国内机器人企业或软件公司已开始逐渐推出具有自主知识产权的通用型离线编程软件。

1. InteRobot

InteRobot（图 1-6）是一款商业化的工业机器人离线编程软件。它由国家数控系统工程技术研究中心和华数机器人有限公司联合开发，具备完全自主知识产权，能够实现与应用领域工艺知识的深度融合，解决机器人应用领域扩大和任务复杂程度增加的难题。可广泛应用于 3C 产品金属部件、航空航天零件、汽车覆盖件、激光焊接与切割、模具制造、五金零件、涂装、多轴加工、石材和板材加工等专业领域。

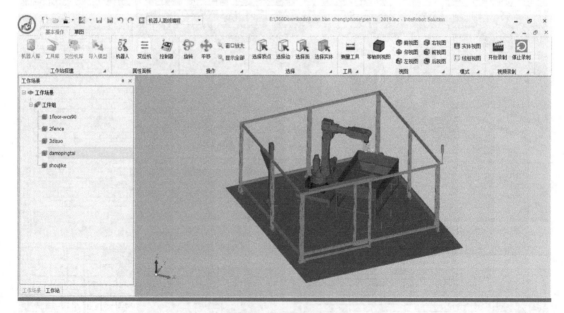

图 1-6　InteRobot

InteRobot 离线编程软件实现了软件的控制层、算法层与视图层的分离，满足离线编程软件的开放式、模块化、可扩展的要求。InteRobot 可以实现的功能主要有以下几种。

1）包括机器人库、工具库与变位机库在内的多样化资源库。实现用户直接调用国内外主流品牌机器人，如华数、ABB、KUKA、安川、川崎等品牌系列型号机器人，也支持用户自定义扩展任意型号的机器人。

2）开发了机器人点位随动、框选批量删除、笛卡儿各坐标批量修调、位置定向偏置等系列功能，能够高效地校验和修调不满足要求的程序点。

3）轨迹规划提供手动、自动、外部等方法，可适应国内各行业人员的编程习惯。离线编程规划的轨迹程序还可支持多外部轴联动控制，包括单变位机、双变位机以及混合控制。

4）软件集成多种机器人专业应用工艺包，针对打磨、焊接、涂装等行业，提供专业的工艺参数设置和相关轨迹编程方法，可自适应生成包含工艺特性的机器人程序。

5）直接针对三维模型特征内容，结合工艺加工需求，自动生成加工路径，实现机器人运动轨迹的快速创建。在经过虚拟仿真和碰撞干涉检查之后，输出的程序能够直接运行于实际工业机器人中。

6）提供轨迹智能分析工具，能够根据加工轨迹的变化及工艺要求，识别出工件表面的特征线和特征点，进而实现机器人程序速度以及加速度的规划。针对华数机器人还可以设置 CP、SP、AI 等高级过渡参数。

7）软件能够进行加工生产线的离线编程仿真，实现在软件内对加工工艺的全流程进行规划以及生产节拍控制，便于用户调整结构布局以及生产流程。

8）软件可以直接与实际机器人进行连接，通过控制器选项实现物理机器人与虚拟机器人的信息交互功能，便于操作者进行加工过程监控、数据采集与分析等功能。

2. Smart HedraCAM

Smart HedraCAM（图 1-7）是由中科川思特软件科技有限公司进行设计研发，用于生产

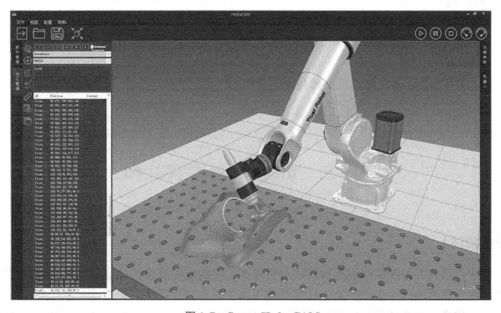

图 1-7　Smart HedraCAM

线建模仿真的离线编程软件。它能够支持多机器人并行工作、多类型夹具设计、扫描数据处理等功能，实现焊接、胶装、切割、打磨、3D 打印等多种工艺要求。Smart HedraCAM 软件功能可以概括为以下几个方面。

1）软件不仅能够直接读取 CAD 格式的数据信息，同时也能够读取 NC 加工、机器人关节臂测量、扫描云点等数据。此外还可以与 DXF、SAT、DWG 等标准接口进行数据转换。

2）可以快速创建或再现各类生产线的设备布局，帮助用户对加工场景工具位置进行检测，实现设备的合理化布局。

3）机器人库内的机器人类型丰富，可以支持用户使用不同类型机器人进行生产线的加工内容规划。

4）具有精确的碰撞检测与轴超载监控，能够自动进行轨迹路径优化，减少设备空跑时间。

5）支持机器人虚拟机与 PLC 的控制模拟，能够实现大型加工生产线或自动化车间的工艺流程模拟。

思考与练习

填空题

1. 离线编程软件根据所支持机器人类型的不同分为_____、_____两种。

2. 专用型离线编程软件可以得到机器人的底层数据，所以可以具有很好的_____、_____。

3. 通用型离线编程软件一般是由_____进行设计开发，可以支持多数主流生产厂家的机器人，具有很好的_____。

4. InteRobot 离线编程软件实现了软件的_____、_____与_____的分离，满足离线编程软件的_____、_____、_____的要求。

判断题

5. Robot studio 属于专业型离线编程软件。　　　　　　　　　　（　　）

6. ROBCAD 的缺点在于不能够进行生产线仿真。　　　　　　　　（　　）

问答题

7. 国内外各类离线编程软件的特点是什么？

8. 对于 InteRobot 离线编程软件未来的发展方向，你有什么建议？

任务三　InteRobot 软件认知

【任务描述】

根据对国内外各类离线编程软件的分析可知，离线编程软件的功能可以划分为虚拟加工场景搭建、离线编程、运动仿真、后置处理等多个基本功能模块。通过学习本任务，可以对离线编程软件基本功能模块的作用具有一定程度了解；其次，了解 InteRobot 软件界面中各操作面板的功能，同时掌握软件安装与授权的操作步骤。

【知识准备】

1.3.1　软件功能介绍

机器人离线编程系统通过在软件中构建机器人生产加工场景，利用虚拟模型进行轨迹编程以及动画仿真，在将编程结构进行后置处理之后，实现机器人加工路径代码的输出。一般来说机器人离线编程软件包括虚拟加工场景搭建、离线编程、运动仿真、后置处理等基本操作模块。

1. 虚拟加工场景搭建

虚拟加工场景搭建（图1-8）主要包括工具设备建模、加工零件建模、工艺系统创建以及生产设备布局四个部分。利用三维软件对现实加工场景中的设备进行模型创建之后，通过CAD数据信息确定各部分模型的相对位置并对产生的误差进行相应的补偿与校准。

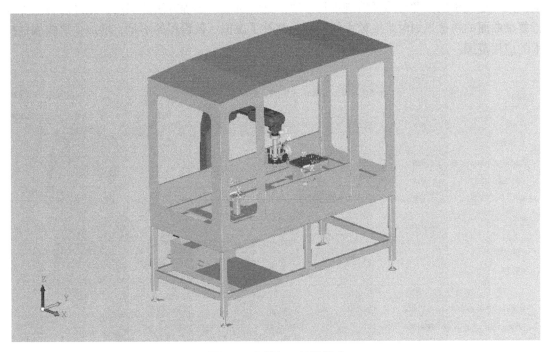

图1-8　虚拟加工场景搭建

为了使离线编程工艺能够更加的专业化，离线编程软件将常见工艺加工场景集成为可加载的应用软件包。例如当用户要创建焊接加工内容时，就可以通过解压相应工艺包，得到与焊接加工相关的工具以及周边场景模型，在便于用户进行软件操作的同时，缩短了机器人编程的时间周期。随着机器人应用领域的不断开拓，机器人工作环境的不确定性对离线编程场景搭建提出了新的要求，如何使软件模型在保持精度的情况下能够实现动态修改，成为离线编程软件需要解决的下一个难题。

2. 轨迹路径程序编写

为实现虚拟场景中设备模型的运动，就要赋予它们相应的控制程序，离线编程模块就成为模型实现运动仿真的核心关键。离线编程模块按原理可分为虚拟示教编程与路径规划编程两种方法，基于两种编程方法的不同特点，它们的应用场合也有所不同。

虚拟示教编程属于离线编程的初级应用，通过在虚拟仿真环境中控制机器人进行姿态变换，并将这些位姿的关键点信息进行记录，最后通过软件构建运动程序。在运行时，机器人通过对关键点信息的读取，就能够实现编程轨迹的再现。这种控制程序的编写操作与在线示教编程操作基本相同，但由于虚拟示教编程是利用计算机的人机交互功能进行实现，所以在编程的过程中能够使用快捷键进行简化操作，同时对编程结果进行检测与优化时也不需要担心由于编程错误而产生设备碰撞的问题。

进行路径规划编程（图1-9）操作时，首先要创建加工过程中的位置路径点，之后通过运动学算法转换为计算机能够识别的路径信息，在经可达性分析后就自动生成了路径轨迹。通常软件支持自动生成以及用户自定义两种路径点添加方式，不仅降低了离线编程的操作难度，同时也便于操作者对路径轨迹进行修改。这种机器人编程方法的实现，很好地解决了进行复杂曲面的轨迹规划时难度较大的问题，弥补了虚拟示教编程的不足，增加了离线编程技术的应用范围。

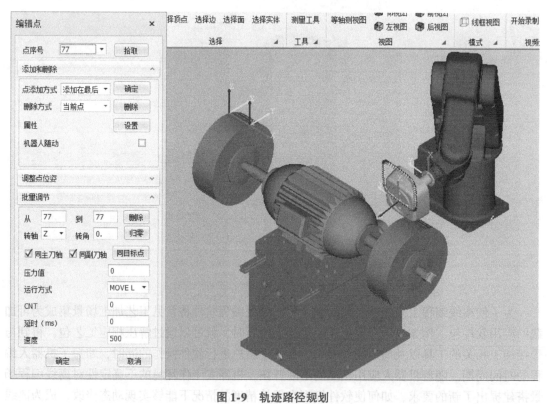

图1-9 轨迹路径规划

3. 运动仿真

机器人三维模型运动仿真（图 1-10）是离线编程软件的重要组成部分，通过在运动学建模的同时结合相关算法，将现实设备中物理属性赋予虚拟模型，实现在虚拟场景中对现实加工方式的动画仿真。

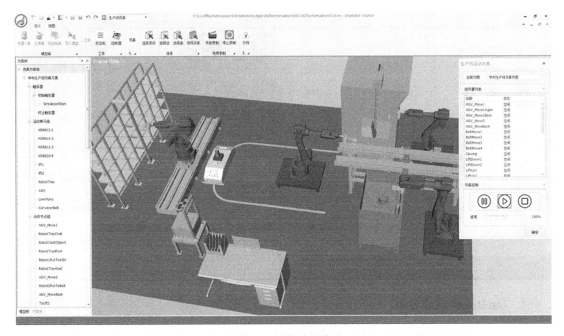

图 1-10　运动仿真

利用离线编程软件运动仿真这一功能模块，用户就可以通过设置机器人加工过程的碰撞检测、轴超载检测等功能，直观地显示所驱动机器人的实际运动轨迹。便于操作者进行相关优化，实现在缩短机器人轨迹编程时间的同时，能够减少由于程序错误而导致设备发生碰撞的可能性。随着离线编程软件对于生产线仿真的实现，用户不仅能够对机器人设备进行模拟，还能进行生产线的全流程加工再现，实现对生产周期的节拍控制与布局规划。

4. 后置处理

当模型运动仿真的结果达到作业的要求后，软件基于离线编程模块所生成的控制程序并不能直接传输到机器人系统进行设备控制，这些程序代码还需要通过后置处理模块进行转换。

后置处理（图 1-11）属于离线编程操作的最后一个步骤，用于将软件所生成的程序代码转换为目标机器人的操作代码与加工数据，之后可利用通信接口传输到机器人控制柜中，驱动机器人按照所设定的加工轨迹进行运动。由于理想模型与现实设备之间外形尺寸、相对位置、安装配合等关系误差的存在，因此在程序代码输入机器人控制系统后还需要进行简单的修改和调整，以保证设备的精度要求。

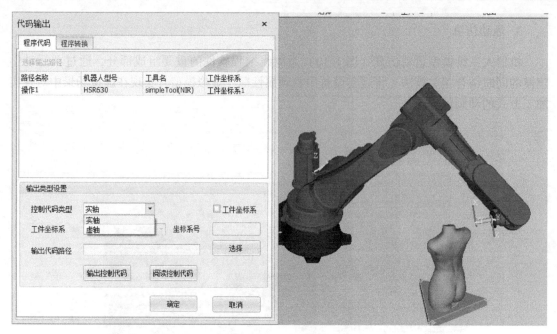

图 1-11　后置处理

1.3.2　InteRobot 软件界面介绍

1. InteRobot 启动界面

双击 InteRobot 的快捷方式或者单击 InteRobot 的启动项即可启动 InteRobot 软件。运行 InteRobot 软件，如图 1-12 所示。

图 1-12　启动 InteRobot 离线编程软件

运行 InteRobot 后进入初始界面，此时的软件是空白的，需要单击界面左上角"新建"之后才能对软件进行操作。新建文件后系统默认进入机器人模块，出现如图 1-13 所示的机器人离线编程的快捷菜单栏与左边的导航树。

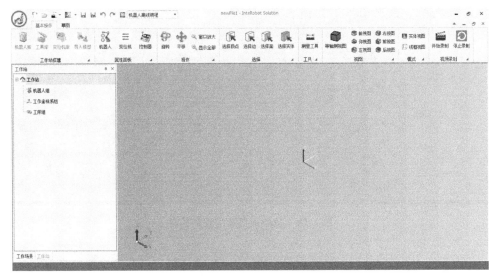

图 1-13　新建机器人离线编程

2. 操作主界面认识

软件界面由主界面、二级界面和三级界面组成，二级界面和三级界面都是以弹出窗口的形式出现。下面分别介绍机器人离线编程的主界面和各个二级三级界面。

主界面由四部分组成，包括位于界面最上端的工具栏、位于工具栏下方的菜单栏、位于界面左边的导航树、位于界面中部的视图窗口，位于界面最右边的机器人属性栏和机器人控制器栏，可单击菜单栏中相应按钮调出，如图 1-14 所示。

1）工具栏。工具栏如图 1-15 所示，从左到右依次是新建、打开、视图、皮肤切换、保存、另存为、撤销、重做、模块、模块切换下拉框。

2）菜单栏。在机器人离线编程模块下，有基本操作菜单栏和草图菜单栏。如图 1-16 所示是基本操作菜单栏，从左到右分为工作站搭建、属性面板、操作、选择、工具、视图、模式和视频录制八个部分。

前三个部分是机器人离线编程的主要菜单，后五个部分是视图操作的相关菜单。工作站搭建部分的功能依次是机器人库、工具库、变位机库、导入模型；属性面板部分的机器人功能包括运动仿真和机器人属性，变位机功能包括变位机属性，控制器功能是机器人控制器菜单，单击相应的选项就可以调出对应的二级界面。

后六个部分从左到右的为操作、选择、视图、模式与视频录制。菜单功能依次是旋转、平移、窗口放大、显示全部、选择顶点、选择边、选择面、选择实体、测量工具等轴测视图、仰视图、俯视图、左视图、右视图、前视图、后视图、实体视图、线框视图、开始录制、停止录制。

草图菜单如图 1-17 所示，从左到右依次是点、线、矩形、圆、坐标系、立方体。

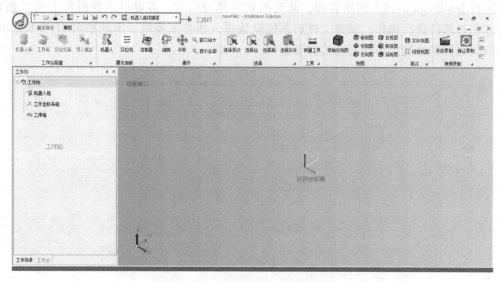

图1-14 机器人离线编程主界面

图1-15 主界面工具栏

图1-16 基本操作菜单栏

3）导航栏。导航栏分为两部分，包括工作站导航树和工作场景导航树，在导航栏的最下端单击对应选项就可以切换两种导航树的显示。

图1-17 草图菜单栏

工作站导航树是以工作站作为根节点，下有三个子节点，包括机器人组、工件坐标系组和工序组，这是工作站节点的最基本组成，后续根据用户的实际操作，会以这三个节点为根节点，产生不同的子节点。

工作场景导航树是以工作场景作为根节点，下有一个子节点，后续根据用户的实际操作，也会在工件组节点上产生其他子节点。导航栏不仅便于用户操作，也可以使用户非常直观地了解到整个机器人离线编程文件的组成。图1-18所示分别是工作站导航树和工作场景导航树。

4）机器人属性栏。机器人属性栏主要作用是对机器人进行仿真控制与姿态参数显示，通过调整参数使机器人按照用户的预期方式进行运动。机器人属性栏包括五部分：机器人选择部分、基坐标系Base相对于世界坐标系World部分、工具坐标系虚轴控制部分、机器人实轴控制部分、机器人回归初始位置控制部分，如图1-19所示。

5）机器人控制器栏。如图1-20所示是机器人控制器栏，包括设备连接部分、运动参数

图 1-18 导航栏

部分和消息部分。设备连接部分有扫描设备、重启控制器、连接设备、断开连接等功能，用于建立软件与实际机器人之间的信息交互。运动参数部分有功能模式的选择、工作模式的选择、使能的开关、负载设置、倍率设置等功能，用于通过软件对实际机器人的控制。消息部分用于对操作过程的信息参数进行反馈显示。

图 1-19 机器人属性栏   图 1-20 机器人控制器栏

【任务实施】

1.3.3 软件安装

InteRobot 软件下载地址：http://www.srobotics.cn/。

官网提供三个版本下载：InteRobot2019_FreeTrial（试用版）、InteRobot2019 离线编程、InteRobot2019 理实一体化版。上述三个版本均附有软件使用手册，除试用版外，InteRobot2019 离线编程与理实一体化版均要配合加密狗使用。

机器人离线编程软件一键式安装非常方便，双击"InteRobot Setup. exe"安装文件，进入 InteRobot 安装向导界面，直接单击【下一步】按钮即可，如图 1-21 所示。

图 1-21　机器人离线编程软件安装向导

进入到安装目录设置界面，用户可以选择该软件的安装位置，如图 1-22 所示。注意，安装目录必须是英文目录。设置好安装目录后，直接单击【下一步】按钮即可。

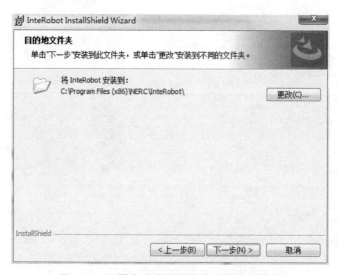

图 1-22　机器人离线编程软件安装目录设置

安装完成后，软件界面即显示"安装完成"。单击【关闭】按钮即可完成安装过程，如图 1-23 所示。

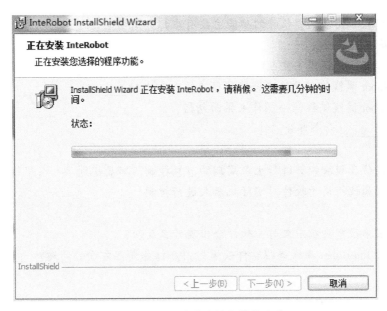

图 1-23　机器人离线编程软件安装

为了确保 InteRobot 能够顺利安装，请注意以下事项：

1）计算机系统配置建议见表 1-2。

2）InteRobot 的安装路径必须为英文目录，不含中文。

3）在安装时，建议将软件安装到 C 盘以外的其他盘内。

表 1-2　计算机的系统配置

硬件	要求
CPU	intel i5 或同性能以上处理器
内存	4G 以上
显存	1G 以上独立显卡
硬盘	500G 以上
操作系统	Windows7 或以上

1.3.4　软件授权

为了防止软件的知识产权被非法使用，因此需要使用"加密狗"对软件与数据进行加密防护。如果在使用软件前没有插入"加密狗"，就会弹出如图 1-24 所示，提示"没有发现加密狗，请确认或与管理员联系！"，此时将购买软件时自带的"加密狗"，插入电脑的 USB 口后即可顺利进行操作。

图 1-24　未插入加密狗情况下打开软件界面

思考与练习

填空题

1. 工业机器人离线编程软件的功能主要有虚拟加工场景搭建、_____、_____、_____等基本操作模块。

2. 虚拟加工场景搭建主要包括_____、_____、_____、_____四个部分。

3. InteRobot 离线编程软件在进行路径点添加时支持_____、_____操作方式。

4. InteRobot 离线编程软件操作主界面包括_____、_____、_____、_____、_____、_____六个部分。

判断题

5. 生产线仿真模块能够进行生产周期的节拍控制与布局规划。   (   )

6. 机器人属性栏用于软件对实际机器人进行控制。   (   )

问答题

7. 当安装路径中存在中文时，软件会出现什么反应？

8. 在进行 InteRobot 离线编程软件安装时，应注意哪些方面的问题？

【项目总结】

项目名称		
项目内容		
知识概述		
自我评价	分析能力	机器人编程方法分析对比
		离线编程软件认知
		InteRobot 软件功能认知
	规划能力	离线编程工艺流程规划
		离线编程功能选择规划
	应用技能	离线编程软件工具认知
		InteRobot 软件安装

【项目拓展】

针对国内外的离线编程软件进行调研，各类离线编程软件最新版本的特点有哪些？它们未来的发展方向分别是什么？

项目二

离线编程基本仿真工作站搭建

【项目目标】

◇ **知识目标**

1. 掌握仿真机器人工具 TCP 的各参数意义。
2. 掌握工业机器人工件坐标系的作用。
3. 掌握机器人仿真工作站其他模型的导入及位姿调整方法。
4. 掌握工件标定的方法。
5. 了解工具坐标系位姿的定义。
6. 了解工件标定的原理。
7. 了解工业机器人标准 D-H 参数的含义。

◇ **能力目标**

1. 掌握 InteRobot 离线编程软件的基本使用方法。
2. 掌握 InteRobot 离线编程软件机器人库的主要使用方法。
3. 掌握仿真机器人选择及导入的基本方法。
4. 掌握仿真机器人工具的导入与安装方法。
5. 掌握离线编程中工具 TCP 的设置方法。
6. 掌握创建离线编程仿真工作站的基本方法。

【知识结构】

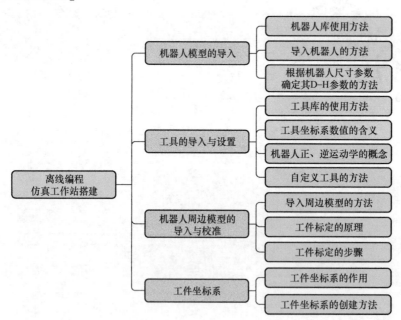

任务一　机器人模型的导入

【任务描述】

在离线编程软件 InteRobot 软件中，仿真工作站周边模型的布局是以机器人的基坐标系为基准的，因此仿真工作站的搭建首先需要用户正确导入仿真机器人。InteRobot 软件中的机器人库已经预置了一些常见的机器人模型，用户可以通过"机器人编辑"菜单看到机器人的基本参数，包括机器人基本数据、模型信息、建模参数、运动参数等。通过学习本任务，首先可以掌握 InteRobot 软件中导入机器人的主要方法；其次，了解"机器人编辑"菜单中机器人各参数的具体含义，并有选择性的深入学习机器人连杆坐标系以及 D－H 参数的相关理论知识；最终掌握在 InteRobot 软件中通过机器人相关机械参数获得机器人 D－H 参数的具体方法。

【知识准备】

2.1.1　机器人库

InteRobot 软件为用户提供了机器人库的相关操作，包括各种型号机器人的新建、编辑、存储、导入、预览、删除等功能，用户能够通过这些功能实现对机器人库的管理。如图 2-1 所示是机器人库的主界面，该界面提供了机器人基本参数显示、机器人品牌选择、机器人轴

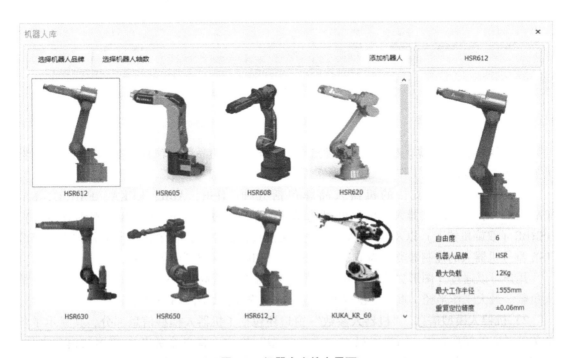

图 2-1　机器人库的主界面

数选择、自定义机器人、导入/导出机器人文件、属性编辑、删除、机器人预览、导入视图添加节点等功能。

（1）机器人参数窗口　在机器人库主界面上移动鼠标至某机器人预览图，如图 2-2 所示，单击右键并选择机器人【属性】按钮，用户就能进入机器人参数窗口。在该窗口，用户能够对机器人库中的机器人进行参数的编辑。机器人参数窗口包括六个部分：机器人名、机器人总体预览、机器人基本数据、机器人模型信息、机器人建模参数和机器人运动参数。

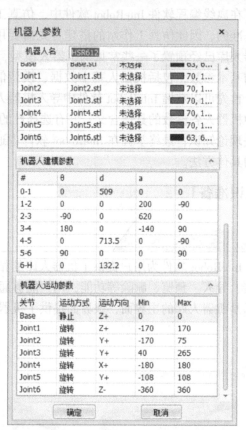

图 2-2　"机器人参数"窗口

1）机器人基本数据。机器人基本数据包括了机器人的品牌、轴数、本体类型、控制器类型、最大负载、最大工作半径、图形文件、重复定位精度等参数。

InterRobot 软件所支持的机器人品牌包括五种：HSR、ABB、KUKA、FANUC、KAWASAKI。对于 HSR 机器人，用户可以选择修改其本体类型，即 HSRJR（六轴机器人）、HSRBR（双旋机器人）以及 SCARA（三关节装配分拣机器人）机器人。同时用户也可修改 HSR 型号机器人的控制器类型为 HSR1、HSR2、HSR3 三种类型中的一种。

用户可以通过【图形文件】选项修改相应机器人的预览图。也可根据需要对机器人最大负载、最大工作半径、重复定位精度等信息进行修改，如图 2-3 所示。

2）机器人模型信息。"机器人参数"窗口还包括了机器人模型信息部分，其显示了各个关节对应的模型数据。用户可以在"选择模型"栏中选择各个关节所使用的模型文件，并能通过"模型颜色"栏对导入的模型进行颜色设置，如图 2-4 所示。

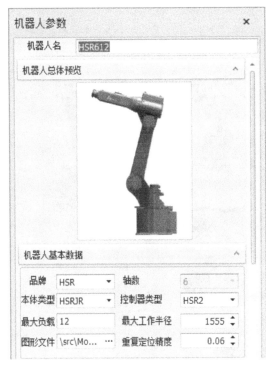

图2-3　机器人基本数据

机器人模型信息

关节	模型	选择模型…	模型颜色
Base	Base.stl	未选择　…	■ 63, 6…
Joint1	Joint1.stl	未选择	■ 70, 1…
Joint2	Joint2.stl	未选择	■ 70, 1…
Joint3	Joint3.stl	未选择	■ 70, 1…
Joint4	Joint4.stl	未选择	■ 70, 1…
Joint5	Joint5.stl	未选择	■ 70, 1…
Joint6	Joint6.stl	未选择	■ 63, 6…

图2-4　机器人模型信息

3）机器人建模。用户能够通过机器人建模参数部分中的机器人建模参数表为机器人进行运动学建模，InteRobot软件采用标准D-H（STD-DH）参数建模方法，用户可以根据机器人的建模参数填写该部分，如图2-5所示。

4）机器人运动参数。机器人运动参数部分显示了各个关节的运动方式、运动方向、最小限位、最大限位等信息，用户可以根据需要对其进行修改，如图2-6所示。

机器人STD_DH参数

#	θ	d	a	α
0-1	0.000	509.000	0.000	0.000
1-2	0.000	0.000	200.000	-90.000
2-3	-90.000	0.000	620.000	0.000
3-4	-180.000	0.000	-140.000	90.000
4-5	0.000	713.500	0.000	-90.000
5-6	90.000	0.000	0.000	90.000
6-H	0.000	132.200	0.000	0.000

图2-5　机器人建模参数

机器人运动参数

关节	运动方式	运动方向	Min	Max
Base	静止	Z+	0	0
Joint1	旋转	Z+	-170	170
Joint2	旋转	Y+	-170	75
Joint3	旋转	Y+	40	265
Joint4	旋转	X+	-180	180
Joint5	旋转	Y+	-108	108
Joint6	旋转	Z-	-360	360

图2-6　机器人运动参数

（2）导入/导出机器人文件　在机器人库主界面上移动鼠标至机器人预览图，在其右键菜单中单击【导出】按钮，如图2-7所示，即可导出文件后缀名为.incRob的机器人文件。

机器人文件同样可以导入机器人库。在导入机器人文件时，当机器人文件中包含的机器人名称与机器人库中现有机器人名称相同时就会出现提示。如图2-8所示，单击【添加机器人】按钮，选择"导入机器人文件"即可导入.incRob机器人文件。

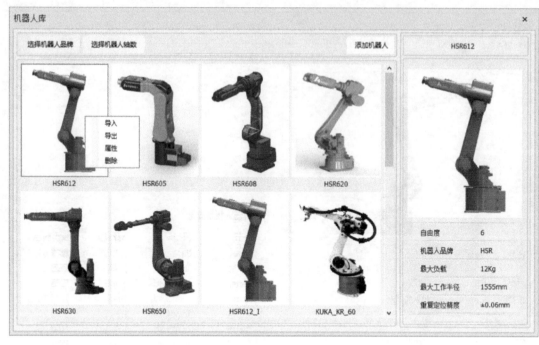

图2-7 导出机器人文件

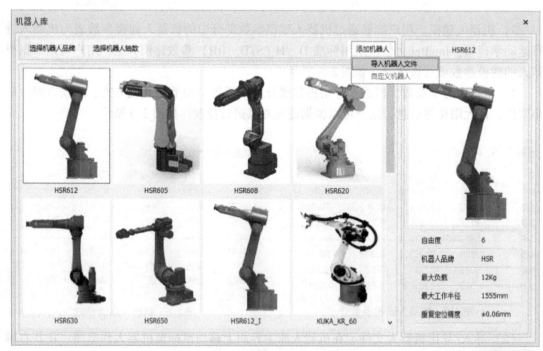

图2-8 导入机器人文件

导入机器人文件

【任务实施】

2.1.2　导入机器人

（1）创建工程文件　运行 InteRobot 软件后进入初始界面，此时的软件是空白界面，鼠标左键单击左上角图标后，选择"NEW"选项新建工程文件，进入主界面，如图 2-9 所示。

图 2-9　新建工程文件

（2）导入机器人　选择工作站导航树下的机器人组子节点，此时机器人库变为高亮，如图 2-10 所示。打开机器人库，选择机器人库中的机器人"HSR620"，双击其预览图或单击右键并选择"导入"，将机器人导入至工作站系统中，如图 2-11 所示。

机器人导入完成后，如图 2- 12 所示，视图中出现了 HSR－JR620 型号机器人"HSR620"，同时机器人组子节点中也出现了 HSR620 子节点。

【知识拓展】

2.1.3　机器人 D-H 参数

工业机器人是在不断运动的状态下进行作业的，机器人的各个连杆以及连接连杆的关节决定了机器人的各种运动方式。在串联机构机器人中，每一连杆的运动都会对与该连杆相邻的其他连杆的运动产生影响。为了准确地描述这种机器人的运动，1956 年两位科学家 De-navit 与 Hartenberg 提出描述机器人运动的 D－H 参数建模法。D－H 参数包括了描述关节轴线关系的参数：连杆长度 a_i、连杆扭转角 α_i，以及描述两连杆连接的参数：连杆偏距 d_i 和连杆扭转角 θ_i。

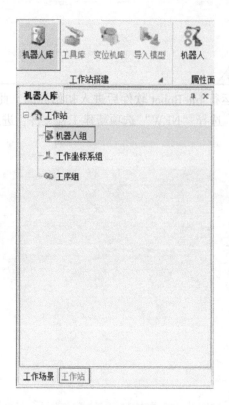

图 2-10　打开机器人库

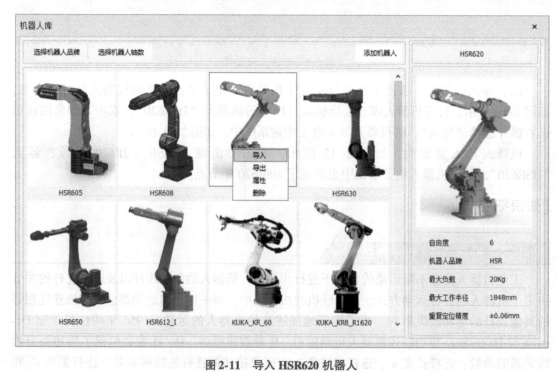

图 2-11　导入 HSR620 机器人

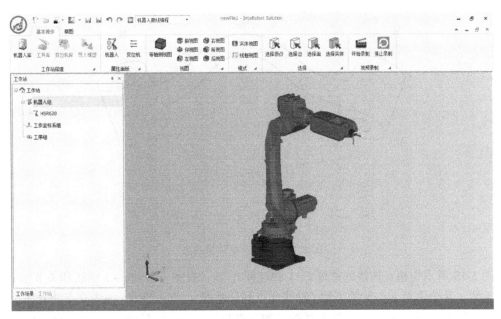

图 2-12　HSR620 导入完成界面

图 2-13 表示了任意两个关节间的位姿关系，机械臂的外观结构可以多种多样，但剖析其本质，都可以表示成这样的一组相邻关节。为了确定操作臂两个相邻关节轴的位置关系，可把连杆看作一个刚体。用空间中的直线来表示关节轴，这里将两个关节轴标号为 $i-1$ 和 i，同时 $i-1$ 和 i 之间的连杆标号为连杆 $i-1$。

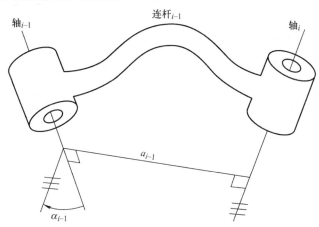

图 2-13　关节间位姿关系

（1）连杆的描述　在 D－H 参数建模法中，用连杆长度 a_i、连杆扭角 α_i 来描述两关节之间的位姿关系。连杆 $i-1$ 的长度 a_{i-1} 即为图 2-14 中关节轴 $i-1$ 和关节轴 i 之间公垂线的长度。连杆 $i-1$ 的扭角是指图中 α_{i-1} 所示的角度，即关节 $i-1$ 与关节 i 轴线的夹角。

（2）连杆连接的描述　相邻的两个连杆通过公共的关节轴进行连接，通常使用连杆偏距 d_i 来描述沿两个相邻连杆公共轴线方向的距离，用关节角 θ_i 来描述两相邻连杆绕公共关节轴线旋转的夹角。在六轴机器人中，通过电动机改变 θ_i 的角度能够使得机器人各个操作臂转动。

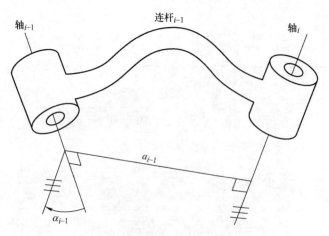

图 2-14　两关节间位姿关系

图 2-15 所示为相互连接的连杆 $i-1$ 和连杆 i。a_{i-1} 表示关节轴 $i-1$ 轴线和关节轴 i 轴线的公垂线。从公垂线 a_{i-1} 与关节轴 i 轴线交点到公垂线 a_i 与关节轴 i 轴线交点的有向距离即为描述相邻两连杆 i 和 $i-1$ 连接关系的参数连杆偏置 d_i，连杆偏置 d_i 反映了连接两连杆之间关节的结构特性。l_{i-1} 和 l_i 绕关节轴 i 旋转所形成的夹角即关节角 θ_i。

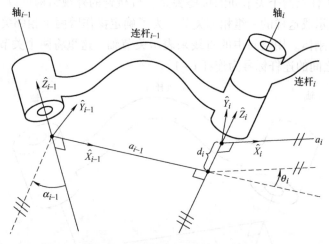

图 2-15　两连杆之间的连接关系

2.1.4　机器人连杆坐标系

机器人连杆坐标系是一个为了描述每个连杆与其相邻连杆之间的相对位置关系而固连在连杆上的坐标系，通常都将其建立在连杆的关节（关节轴）上。连杆是连接两关节轴之间的刚性构件，所以连杆坐标系的建立方式就有两种：建立在连杆输入端关节轴与建立在连杆输出端关节轴。在 InteRobot 软件中，机器人连杆坐标系建立在连杆的输出端关节轴（标准 STD–DH 参数建模法）。

InteRobot 软件中构建了相关算法以实现不同机器人的运动控制与离线编程。其算法的实现与 InteRobot 所建立的连杆坐标系以及特定机器人的 D–H 参数息息相关，InteRobot 软件中 HSR 型号机器人所使用的连杆坐标系构建方法如图 2-16 所示。

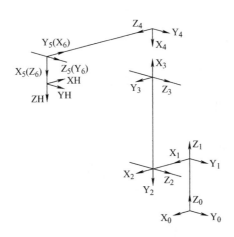

图 2-16 六轴工业机器人连杆坐标系

当连杆坐标系确定后，就可以根据连杆坐标系来确定机器人的 D-H 参数，其确定方法如下：

$$a_i = 沿 X_i 轴，从 Z_i 移动到 Z_{i+1} 的距离$$
$$\alpha_i = 绕 X_i 轴，从 Z_i 旋转到 Z_{i+1} 的角度$$
$$d_i = 沿 Z_i 轴，从 X_{i-1} 移动到 X_i 的距离$$
$$\theta_i = 绕 Z_i 轴，从 X_{i-1} 旋转到 X_i 的距离$$

如图 2-17 所示为华数 HSR-JR612 型机器人，其中 J1～J6 即机器人的各个关节轴，其尺寸参数如图 2-18 所示。

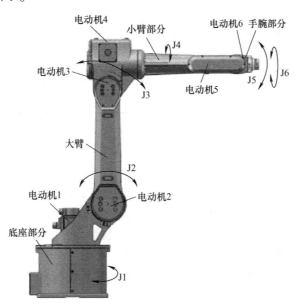

图 2-17 HSR-JR612 型号机器人系统组成

根据 InteRobot 中所构建的机器人连杆坐标系和 HSR-JR612 的相关尺寸参数，就可以确定出 HSR-JR612 型机器人的 D-H 参数，其参数如表 2-1 所示，其中 θ_i 表示机器人如图 2-17 所示姿态（初始姿态）时的取值。

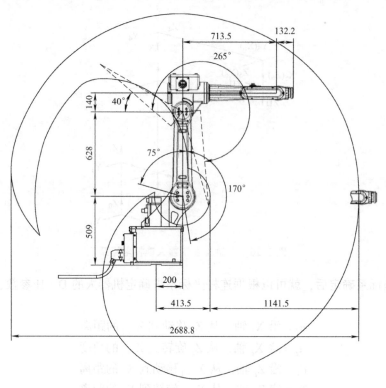

图 2-18　HSR－JR612 型机器人机械简图及尺寸参数

表 2-1　HSR－JR612 机器人 D－H 参数

i	$\theta_i/(°)$	d_i/mm	a_i/mm	$\alpha_i/(°)$
1	0	509	0	0
2	0	0	200	－90
3	－90	0	620	0
4	180	0	－140	90
5	0	713.5	0	－90
6	90	0	0	90

思考与练习

填空题

1. InteRobot 软件中可以使用＿＿＿＿＿功能模块对机器人进行导入。

2. InteRobot 中，在"机器人参数"窗口中的机器人模型信息部分里，用户可以导入＿＿＿＿、＿＿＿＿、＿＿＿＿、＿＿＿＿格式的模型文件。

3. InteRobot 中，机器人的运动学建模需要用户设置＿＿＿＿参数。

4. 在 InteRobot 中，用户可以导入＿＿＿＿格式的机器人文件。

判断题

5. InteRobot 中只支持用户导入华数品牌的机器人模型。　　　　　　　　（　　）

问答题

6. 使用 InteRobot 软件正确导入机器人的步骤是什么？

7. 如何根据 HSR 型号华数机器人的尺寸参数获得其 D－H 参数？

任务二　工具的导入与设置

【任务描述】

工业机器人之所以能够胜任多种类型的作业，在一定程度上依赖于它能够安装各种功能的末端执行器，而不同功能的末端执行器在结构上各有差异，这就要求机器人编程人员能够根据不同的末端执行器正确设置机器人的工具坐标系 TCP。在 InteRobot 软件中，用户可以在工具库中导入软件预置的工具模型，也支持导入自定义工具模型，然后对导入的工具模型进行 TCP 定义后即可使用该工具。通过学习本任务，可以掌握 InteRobot 软件中工具的导入以及自定义工具的方法；同时可以有选择性的深入了解欧拉角与工具坐标系参数描述等理论知识。

【知识准备】

2.2.1　工具库介绍

在工作站导航树中，用户单击已经导入的机器人节点，即选中该节点，此时菜单栏的"工具库"功能变为可用状态，单击菜单栏中的"工具库"，如图 2-19 所示，弹出"机器人工具库"窗口。

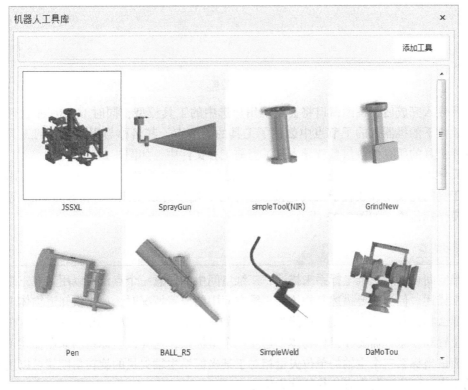

图 2-19　机器人工具库主界面

　　该主界面显示了所有在库的工具。用户可以根据实际需要选择使用的工具，在"机器人工具库"窗口上移动鼠标至工具预览图，鼠标右键单击之后选择"导出"或者双击该工具，则可以实现工具的导入，如图2-20所示。

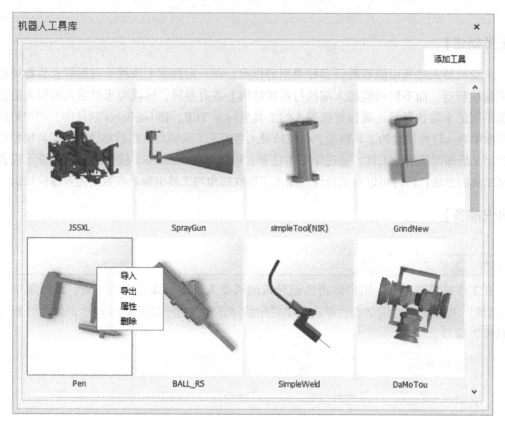

图 2-20　工具导入

　　工具导入完成后，视图窗口将会出现用户选中的工具模型，同时 InteRobot 软件也在工作站导航树下的机器人的子节点中创建了工具的子节点，其名称与用户导入的工具名称一致。这样工具的所有参数信息就导入到了当前工程文件中，如图2-21所示。

　　工具导入时，工具建模坐标将与机器人法兰末端 TCP 重合，因此在导入之前用户需要注意将工具的建模坐标放置于工具连接法兰中心。用户可以使用 UG 和 Solidwoks 等软件来调整建模坐标位置，如图2-22所示。

2.2.2　工具坐标系

　　三维空间可以用三维坐标系来描述，三维空间中的任意一个点都可以用其在三维空间中的坐标来描述。但当需要描述某物体在三维空间中的放置情况时，如果仅知道物体上某点的坐标，那么物体基于此点的姿态可能为任意。如图2-23所示，为了描述一个物体在三维空间中的位置和姿态，需要在目标物体上建立一个坐标系，这样该坐标系的原点描述了物体的位置，而该坐标系三个主轴的单位矢量相对于某坐标系主轴矢量的旋转角度就可以用来描述物体的姿态，而位置与姿态往往统称为位姿。

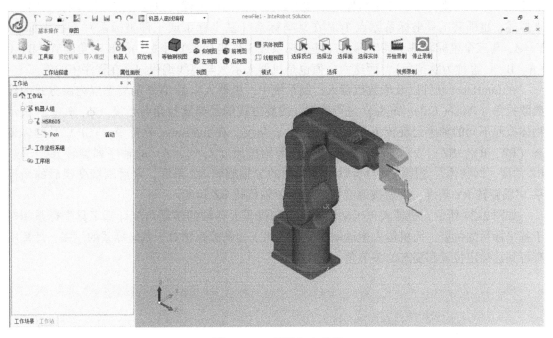

图 2-21　工具导入完成后

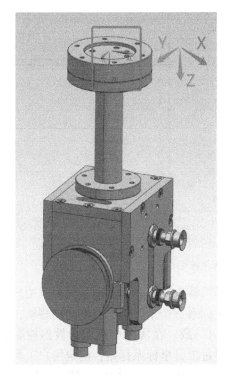

图 2-22　工具建模坐标位置调整

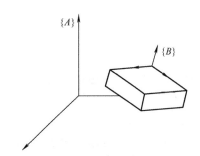

图 2-23　空间物体位置姿态

　　工业机器人的用途无疑就是安装各种特定工具来实现作业,那么如何描述工具在机器人基坐标系下的位置以及姿态是实现对机器人控制必须要解决的问题。显然,方法就是在工具上建立一个工具坐标系，于是机器人末端工具在某点的位姿就可以通过该工具坐标系的位姿来描述，也即其工具坐标系原点 TCP 在某坐标系（基坐标系或工件坐标系）下的坐标 X、Y、Z，与三个坐标轴基于某坐标系（基坐标系或工件坐标系）坐标轴的转动角度 A、B、C（A、B、C 也称为欧拉角），而这六个值也是机器人示教与离线编程记录在程序中的值。

在 InteRobot 软件以及华数机器人控制系统中，机器人末端 TCP 的姿态以内旋方式的**经典欧拉角**（Proper Euler Angle）进行确定。内旋方式的经典欧拉角各角度（ϕ，θ，ψ）表示物体按照不同的轴序列旋转 ϕ 角度、θ 角度、ψ 角度。在 InteRobot 软件中，TCP 以及物体姿态（RZ，RY，RZ）表示工具坐标系或工件等均按照（Z，Y，Z）的轴序列旋转 RZ，RY，RZ 角度。即物体首先围绕其自身默认坐标系的 Z 轴旋转 RZ 角度，之后围绕变换后的坐标系 Y'轴旋转 RY 角度，最后按照变换过后的 Z"轴旋转 RZ 角度。

如图 2-24 所示，机器人正运动学就是已知机器人各轴的转动角度计算工具坐标系相对于基坐标系的位姿；而机器人逆运动学就是已知工具坐标系相对于基坐标系的位姿，计算所有可到达给定位置和姿态的关节角。

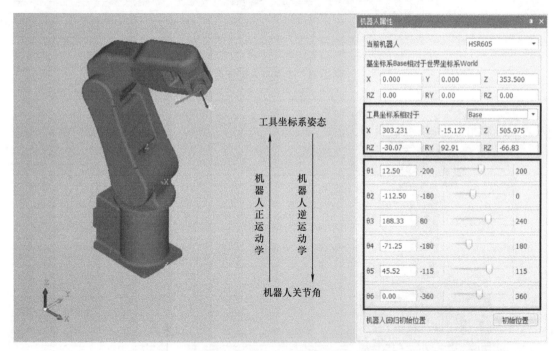

图 2-24 姿态与关节角示意图

因此对于用户来说建立工具坐标系就是确定出将机器人固有工具坐标系转换成用户坐标系的某些参数，这些参数包括了在机器人固有工具坐标系三个坐标轴上有方向的移动，以及围绕此三个坐标轴的欧拉角，通常两坐标系 Z 轴方向一致。在实际中利用示教器控制机器人时，对于用户工具坐标系的建立有两种方法：①通过工具坐标系标定，确定用户工具坐标系；②通过直接输入参数值确定用户工具坐标系。在 InteRobot 软件中用户使用不同工具进行作业时，可以通过设置参数的方法来建立该工具的工具坐标系。

在 InteRobot 软件中，用户可以通过工具节点右键菜单中的"属性"，在弹出的窗口中设置工具坐标系，如图 2-25 所示。TCP 设置部分显示了工具坐标系的原点相对于机器人法兰坐标系的 X、Y、Z 坐标与工具坐标系的欧拉角 A、B、C。单击"添加 TCP"按钮可创建新的工具 TCP，保存、激活后即可用于离线仿真，如图 2-26 所示。

图 2-25 工具属性

图 2-26 "工具属性"窗口

【任务实施】

2.2.3 导入用户工具

1）选中工作站导航树下机器人组子节点中的"HSR620"，此时工具库高亮显示。在工具库主界面中依次单击【添加工具】【自定义工具】按钮，弹出"工具属性"窗口，如图 2-27 所示。窗口的所有参数都是空白或者是默认的初始值。将工具名称设置为"Grip_1"。

2）在该窗口中，用户需要设置工具的 TCP 位置、TCP 姿态，以及选中工具定义部分的模型和预览图像。单击【工具定义】按钮，为新建工具导入模型并设置预览图片。单击【模型选择】按钮，将 Grip_1.stl 模型导入，导入模型完成后单击【颜色】按钮可为工具模型设置不同颜色。

3）单击【图像选择】按钮，将工具预览图片 Grip_1.jpg 导入。注意以上文件保存路径

图 2-27　创建 Grip_1 工具

中不能含有中文字符。自定义工具设置完成的情况如图 2-28 所示。

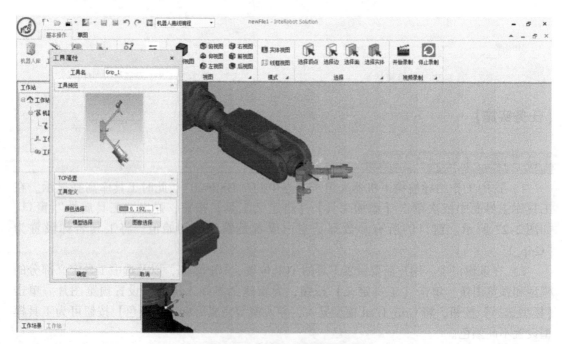

图 2-28　自定义工具设置完成

4）在"工具属性"窗口中单击【TCP 设置】按钮为 Grip_1 工具设置工具坐标系，需要设置的数值包括了 TCP 的位置即 X、Y、Z 坐标，工具坐标系姿态即欧拉角 A、B、C。如图 2-29 所示，将 0 号 TCP 各数值（0，161，161，90，-45，90）输入编辑框。依次单击【保存 TCP】【激活 TCP】按钮，完成工具的新建。

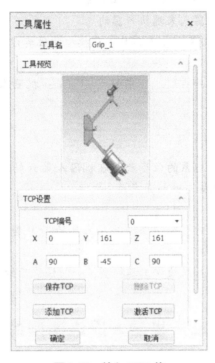

图 2-29　输入 TCP 值

5）工具新建完成后，工具库主界面的列表中出现该新建的工具。导入该工具，将 Grip_1 安装在机器人 HSR - JR620 上。安装完成后软件主界面状态如图 2-30 所示。

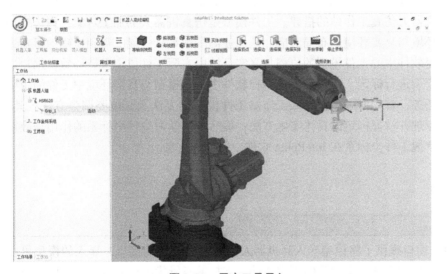

图 2-30　用户工具导入

自定义工具

思考与练习

填空题

1. 在 InteRobot 软件中，用户在导入工具时，必须首先导入_____。

2. 在 InteRobot 软件中，用户在打开工具库时，首先应该选中_____。

3. 工具坐标系描述了机器人末端执行器的_____。

4. 在 InteRobot 软件中机器人末端 TCP 以及模型的位姿以_____方式的_____进行确定。

5. 机器人正运动学为已知_____求解_____；机器人逆运动学为已知_____求解_____。

判断题

6. 位姿即位置和姿态。   （   ）

7. 所有机器人的工具坐标系的位姿都是在机器人第六轴轴线与第五轴轴线为原点的默认工作坐标系下的位置坐标与欧拉角角度。   （   ）

问答题

8. 在使用离线编程作业时，如何保证导入工具的 TCP 能够与真实场景中工具的 TCP 保持一致？试阐述其操作步骤。

9. 当搭建加工场景时，如果缺少工具模型，如何保证后续离线编程的正确实施？

任务三　机器人周边模型的校准

【任务描述】

当机器人与工具模型导入并调整完成后，用户还需要导入工件模型和工作站的周边模型以完成离线编程机器人仿真工作站的搭建。工件模型是仿真机器人的加工对象，周边模型的导入保证了仿真环境与真实环境的布局对应，从而使离线编程软件能够得到正确的机器人加工路径。为了使得软件中的工件模型的位姿与真实环境中实际工件位姿保持一致，用户还需要对必要的工件模型进行标定，以校准离线编程软件中工件模型与真实环境中工件的位姿误差。通过学习本任务，首先可以掌握导入工作站工件模型的方法及其位姿调整方法；其次，理解工件标定的原理并掌握标定的具体实施方法；最后通过学习工件坐标系的作用与应用场景等理论知识，掌握工件坐标系在 InteRobot 软件中的创建方法。

【知识准备】

2.3.1　工作站周边模型导入与位置调整

"导入模型"窗口提供了将模型导入到机器人离线编程软件的接口，导入的模型可以是工件、机床以及其他加工场景中用到的模型文件，支持的三维模型格式为 stp、stl、step、igs 四种标准格式。当用户需要导入三维模型文件时，将导航栏切换至工作场景导航树，选中工件组子节点，此时菜单栏中的"导入模型"功能变为可用状态，单击"导入模型"，直接弹出导入模型界面。用户也可以在工件组子节点上单击右键选择"导入模型"，如图 2-31 所示。

用户没有导入工件前，工作场景导航树中只有一个工作场景根节点，在该节点下有工件组一个子节点。

图 2-31　导入模型

在"导入模型"窗口完成导入模型的位置、姿态、名称及颜色的设置之后，单击【选择模型】按钮，在文件对话框中选择要导入的模型文件，单击确定，就实现了模型的导入功能。导入后，视图中出现选中的模型文件的三维模型，并且在工作场景导航树中的工件组子节点下创建了以该工件为名字的子节点，如图 2-32 所示。

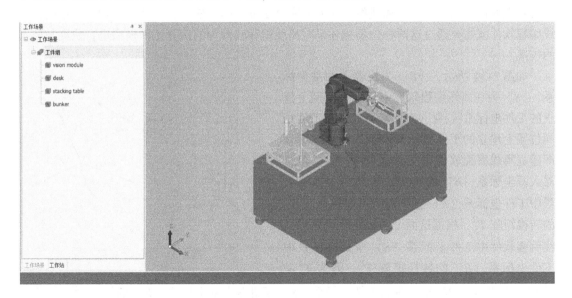

图 2-32　导入模型后

InteRobot 软件支持多个模型的导入功能，重复上述操作，用户可以继续导入其他模型到工程中。

导入模型默认建模坐标系与 InteRobot 软件内世界坐标系重合，也即与机器人基坐标系重合。

2.3.2　工件标定

在实际中利用离线编程软件进行作业时，为了保证作业的准确性，需要对待离线加工工件进行工件标定。工件标定的目的是为了使离线编程中的工件模型的位置和姿态与真实环境中实际工件的位置和姿态保持一致，以此来达到在离线编程软件中对仿真工件模型的加工能够实现对真实情况的完全模拟，从而实现对工件的准确加工。因此，工件的标定也即校准离线编程软件中工件模型与真实环境中工件的位姿误差。

在 2.2.1 节中已经了解到某坐标系下物体的位姿可以用固连于其上的坐标系（工件坐标系）的位姿来描述。由此可得工件标定本质上是为了解决工件模型上的仿真工件坐标系 {S} 是如何变换到实际工件上的工件坐标系 {R} 的，标定示意图如图 2-33 所示。而离线编程工件标定的意义就是为了使得机器人对工件能够进行准确的离线作业，因此如何利用机器人得到仿真工件坐标

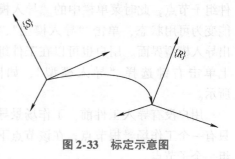

图 2-33　标定示意图

系 {S} 到真实工件坐标系 {R} 的变换才是工件标定的最终目的。

无论在真实还是离线编程环境中，同一机器人基坐标系不会发生改变。当仿真工件坐标系在机器人基坐标系下的位姿描述与真实工件坐标系在机器人基坐标系下的描述相同时，表明离线编程中的仿真工件模型相对于离线编程中机器人的位姿与真实环境中的工件相对于真实机器人的位姿相同，此时离线编程作业便完全是准确的。然而，往往这两种位姿不同，离线编程软件就需要通过这两种位姿描述来对离线编程软件中的仿真工件模型进行位置与姿态的校准。

如图 2-34 所示，{B} 为机器人的基坐标系，{S} 为在离线编程软件中于工件模型上建立的工件坐标系，{R} 为真实场景中在工件相同位置上建立的工件坐标系。工件标定的原理即建立离线编程软件中工件坐标系 {S} 至机器人基坐标系 {B} 的转换矩阵 T_B^S 以及真实场景中工件坐标系 {R} 至机器人基坐标系 {B}的转换矩阵 T_B^R，根据这两个转换矩阵可求得离线编程软件中工件坐标系 {S} 至真实场景中工件坐标系 {R} 的转换矩阵 T_S^R。因为 $T_B^R =$

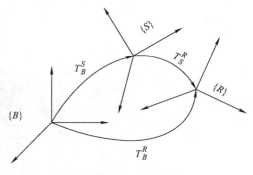

图 2-34　标定原理图

$T_B^S T_S^R$，也即离线编程软件中的工件坐标系 {S} 至机器人基坐标系 {B} 的转换 T_B^S，与离线编程软件中的工件坐标系 {S} 至实际中工件坐标系 {R} 的转换 T_S^R 的共同作用，等同于在实际中将工件坐标系 {R} 转换至机器人基坐标系 {B}，因此 $T_S^R = (T_B^S)^{-1} T_B^R$。

离线编程软件中对机器人的控制是基于机器人运动学，也即利用各连杆关节角来计算工具坐标系基于基坐标系的位姿，或已知工具坐标系基于基坐标系的位姿来计算各连杆关节角。因此工件坐标系与机器人基坐标系的转换，可以通过机器人示教取点建立工件坐标系之后，在离线编程软件中通过相关算法来确定。

常用的工件标定方法有六点法、四点法、三点法等。本节仅介绍三点法如何对工件进行标定，其具体实现方法如下。

1）在真实场景中利用机器人对待标定工件上三个不在一条直线上的特征点进行示教，并记录此三个特征点位的位置信息。

2）在离线编程软件中将特征点位置信息输入至工件标定模块，然后该工件标定模块根据相关算法计算出由三个特征点所建立的工件坐标系在机器人基坐标系下的位姿

描述。

3）在仿真工件模型上选取与真实工件位置对应的三个模型特征点，标定模块根据此三个模型特征点，在仿真环境中的位置信息计算出由此三个模型特征点生成的仿真工件坐标系在机器人基坐标系下的位姿描述。

4）标定模块通过此两种位姿描述的差异计算出仿真工件坐标系与真实工件坐标系的变换，从而实现工件的标定，如图 2-35 所示。

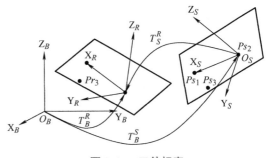

图 2-35　工件标定

【任务实施】

2.3.3　导入周边模型与工件标定

（1）工作站模型导入　依次导入工作站各组成部件模型，各部件模型位置与姿态如表 2-2 所示。

表 2-2　各部件模型位置与姿态

部件名称	模型位置			模型姿态		
	X	Y	Z	RX	RY	RZ
FHW－001	0	－1500	－167	0	0	－90
CV－ST500	1000	－500	－167	0	0	－90
BL－100	0	1300	－167	0	0	0
DZ－101	0	0	－70	0	0	－90
LC－100	0	－5500	－167	0	0	－90
AGV	0	－2500	－167	0	0	0
HSR－JR620	－1300	－2500	－167	0	0	0
DG－200	－1300	－3300	－167	0	0	0
DG－200－1	－1300	－4100	－167	0	0	0

各部件导入完成后，其摆放情况如图 2-36 所示。

（2）工件标定　导入工件 workpiece，并对该工件进行工件标定。

1）导入工件 workpiece。导入工件 workpiece 模型后，调整模型，使模型位于易于选取特征点的姿态。同时将视角移动至 workpiece 底部，如图 2-37 所示。

2）设置标定文件。在计算机桌面上新建 txt 文件，并将其命名为"calibrate. txt"。打开 calibrate. txt 并输入真实场景中对工件 workpiece 利用机器人示教选取的三个点，注意输入时标定文件中的每一行只有一个数字。这里选择的三个点位置分别为（484.440，1254.000，250.04）、（530.44，1254.00，250.04）、（484.440，1300，250.04），标定文件完成情况如图 2-38 所示。

3）工件标定设置。在需要标定位置的模型工件 workpiece 节点上单击右键，在弹出的快

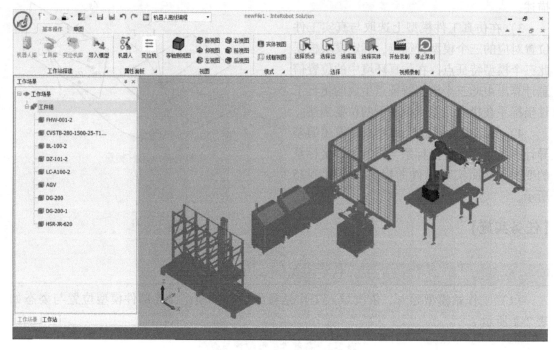

图 2-36　工作站系统布局

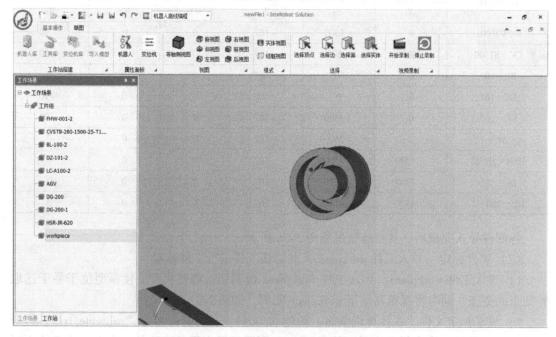

图 2-37　工件 workpiece 位姿调整

捷菜单中选择"工件标定"进入工件标定模块，如图 2-39 所示。

进行标定时，用户首先需要选取标定机器人，标定是相对于机器人基坐标而言，不同的机器人基坐标的位置可能不同。然后单击【读取标定文件】按钮，弹出文件对话框，找到标定文件"calibrate.txt"，加载至标定模块后，上一部记录的点位信息便出现在编辑框内，如图 2-40 所示。

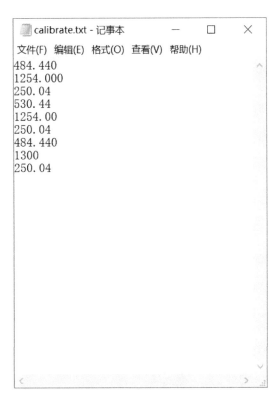

图 2-38　标定文件设置　　　　图 2-39　进入工件标定模块

4）模型特征点选择。单击【选择 P1】按钮，在调整好姿态的模型工件 workpiece 上选择特征点，本例中选择的特征如图 2-41 所示。注意模型工件特征点位需与真实场景中工件示教点位一一对应来进行选取。

5）完成标定。单击确定后，工件 workpiece 完成标定，标定模块调整工件位置，其完成情况如图 2-42 所示。

【任务拓展】

2.3.4　工件坐标系建立

（1）工件坐标系认知　工件坐标系是基于世界坐标系的一个偏置坐标系，用户可以根据作业情况自行选择建立工件坐标系。在2.2.2节中介绍过，工件坐标系下记录在轨迹程序中的坐标值即为工具坐标系在工件坐标系中的位姿，其中 X、Y、Z 描述工具坐标原点在工

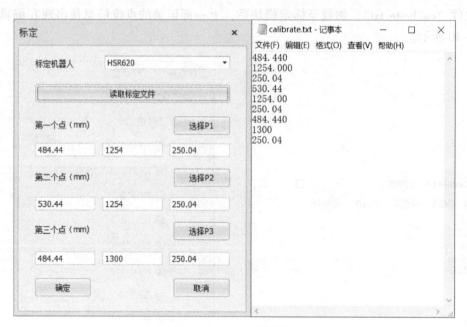

图 2-40　标定文件读取

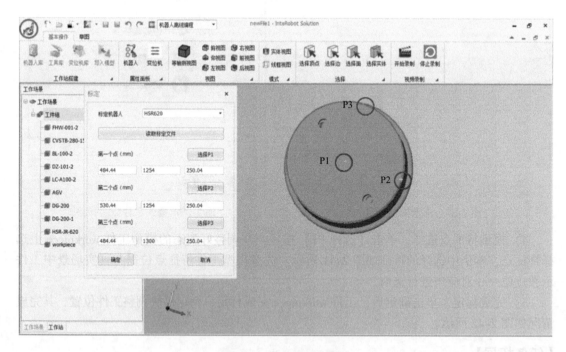

图 2-41　标定特征点选择

件坐标系里的位置，A、B、C 描述工具坐标系 X、Y、Z 三个坐标方向相对于工件坐标系坐标轴方向的角度偏移。

一般情况下，机器人的示教、编程和运行都可以基于全局坐标系来完成，而不用设工件坐标系，但是，当发生以下三种情况时，工件坐标系就有设置的必要了。

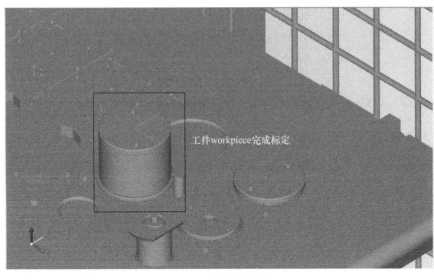

工件workpiece完成标定

工件标定

图 2-42　标定完成情况

1）作业对象的位置可能会发生轻微改变。

2）机器人的运行程序需要在多台同类型的加工系统中重复使用。

3）在与全局坐标系平面不平行的其他平面上进行示教编程。

当作业对象（加工工件）的位置发生改变后，基于基坐标系所编写的程序的所有位置信息会全部失效；当有多套加工同样对象的机器人生产系统时，因无法要求所有机器人的控制点和作业对象的相对位置都调校到一样，故基于基坐标系的程序不具有通用性；全局坐标系下，无法实现机器人的控制点在与全局坐标系平面不平行的其他平面上进行平行或垂直示教。故以上这三种情况都需要设置工件坐标系。

（2）工件坐标系的建立　在 InteRobot 软件中用户可以根据工作情况来进行工作坐标系的建立。右键单击工作坐标系组节点，选择"添加工作坐标系"，弹出"添加工作坐标系"窗口，如图 2-43 所示。

如图 2-44 所示，窗口中主要包括当前机器人选择、坐标系的位置和姿态设置。用户可以通过单击上方的【选原点】按钮在视图窗口中选取相应的点，也可以通过编辑框直接设置坐标系原点的位置。坐标系的姿态是通过设置编辑框中的参数实现的，默认情况下是与基坐标的方向一致。界面也提供了坐标系名称设置的接口。

图 2-43　添加工作坐标系节点

工作坐标系设置完成后也可在"工作坐标系属性"窗口进行修改。在工作坐标系节点上单击右键选择"属性"，弹出"工件坐标系属性"窗口，窗口中可修改坐标系的位置、姿态和名称，如图 2-45 所示。

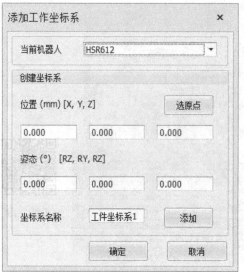

图 2-44　添加工作坐标系

图 2-45　工作坐标系属性

思考与练习

填空题

1. InteRobot 软件支持用户导入 _____、_____、_____、_____ 格式的模型。

2. InteRobot 软件中用户导入模型时，模型的建模坐标系与 _____ 重合。

3. 在使用离线编程作业时，利用 _____ 保证离线编程中的工件模型的位置和姿态与真实环境中实际工件位置和姿态一致。

4. 当机器人的运行程序需要在多台同类型的加工系统中重复使用时，用户可以建立 _____ 下的机器人控制程序。

判断题

5. 在使用离线编程软件进行作业时，所有工件都必须进行工件标定。　（　　）

6. 确定工件坐标系只需确定其在世界坐标系下的位置信息即可。　（　　）

问答题

7. 在真实场景中利用三点法标定工件坐标系的过程中，其建立与工具的姿态是否有关？

8. 工件标定文件的生成过程中，用户需要输入哪些数值？

【项目总结】

项目名称	
项目内容	

（续）

知识概述		
自我评价	分析能力	仿真工作站组成分析
		工件标定必要性分析
	规划能力	搭建仿真工作站步骤规划
	应用技能	机器人库使用
		工具库使用
		TCP 设置
		工件的标定

【项目拓展】

仿真工作站搭建训练

如图 2-46 所示，华中数控的工业机器人视觉实训平台由六轴工业机器人 HSR–JR605、视觉检测系统、基础工作台、PC 平台、分拣机构组成。按下列顺序依次导入。

1）导入机器人，为其安装工具并设置合适的 TCP。

2）导入该实训平台的周边模型。

3）对于该实训平台的码垛功能，请问需要对哪些工作站部件及工件进行标定？在离线编程软件中对上述模型进行标定。

4）完成场景搭建后，该文件保存为 .inc 文件。

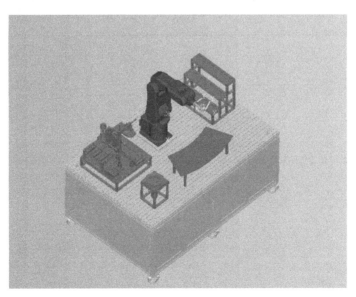

图 2-46　工业机器人视觉实训平台

项目三

轨迹示教与仿真

【项目目标】

◇ **知识目标**

1. 了解机器人逆运动学的基本概念。
2. 了解机械臂奇异点的概念，以及其在何种姿态下位于奇异点。
3. 了解利用 InteRobot 软件码垛操作的使用方法。
4. 掌握示教中规避奇异点的原则。
5. 掌握常用的三种机器人运动指令以及它们之间的区别。

◇ **能力目标**

1. 掌握在离线编程软件中利用"机器人属性"功能手动控制机器人操作臂。
2. 掌握在离线编程软件中利用示教的方法生成机器人运动轨迹。

【知识结构】

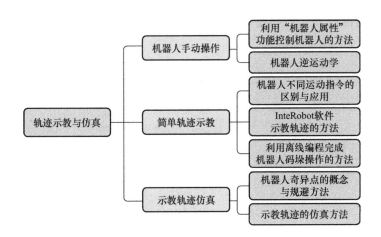

任务一 机器人手动操作

【任务描述】

机器人的编程实际上是通过程序语言控制工业机器人末端以某种姿态运动到空间中的某个位置，在 InteRobot 软件中，要实现对机器人的编程操作，首先要在机器人的工序组中新建一个操作，操作的类型包括示教操作、离线操作、码垛操作等。在任意类型的操作中，都可以通过直接手动调整机器人的一些属性参数值，实现对机器人当前位姿的改变。通过学习本任务，可以掌握利用"机器人属性"功能修改仿真机器人模型的各关节轴转动角度或是手动改变机器人操作臂末端工具的位姿，从而实现对仿真机器人的操控的方法。其次，可以有选择性的了解机器人逆运动学的相关概念等理论知识。

【知识准备】

3.1.1 机器人属性

在真实场景中利用示教器能够实现对机器人的操作臂进行控制，而在 InteRobot 离线编程软件中，用户可以使用"机器人属性"功能来对仿真机器人进行操控。如图 3-1，单击 InteRobot 软件界面上方的"机器人"，进入"机器人属性"功能。

"机器人属性"功能提供了对已导入到工程文件中的机器人进行姿态控制的功能，当修改相关参数时，机器人会随动至用户设置点位。如图 3-2 所示是"机器人属性"窗口。用户首先在【当前机器人】下拉框中选择需要控制的机器人；之后，窗口会显示出当前机器人的信息，包括"基坐标系 Base 相对于世界坐标系 World"的位姿，"工具坐标系相对于"的位姿。其中工具坐标系位姿可以选择为相对于基坐标系还是用户自己新建的工作坐标系；用户修改工具坐标系的位姿参数时，仿真机器人便会将其末端工具运动至用户设置的位姿处；用户修改各个关节的实轴信息时，机器人各个关节运动到用户设置的关节角度；用户可以利用【初始位置】按钮将机器人由其他姿态运动到初始姿态，即机器人原点。

图 3-1 进入"机器人属性"

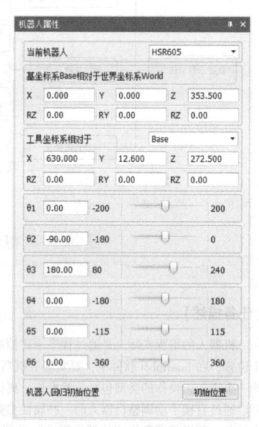

图 3-2 "机器人属性"窗口

【任务实施】

3.1.2　机器人线性移动

（1）**仿真工作站搭建**　打开"机器人库"，选择机器人 HSR605，将其导入至工作场景中；打开"工具库"，导入工具 Pen 并将其安装至机器人 HSR605 上。机器人及工具导入完成情况如图 3-3 所示。

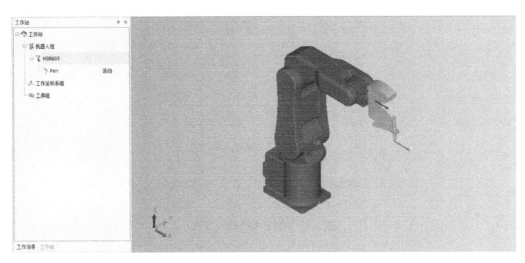

图 3-3　机器人及工具导入完成

将导航栏切换至工作场景导航树，选中工件组节点，单击"导入模型"，依次将 desk.igs、bunker.STL、vision module.STL、positioner_axis.STL、positioner_base.STL、stacking table.STL 等模型导入至工作场景中，导入模型的位置与姿态在建模时已经进行了基于真实场景中各工件、设备位置关系的偏移，故无须改变其位置与姿态。导入完成后工作场景在视图中的情况如图 3-4 所示。

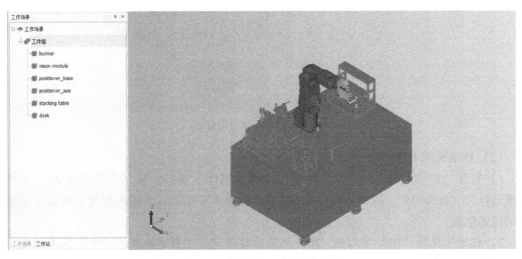

图 3-4　模型导入完成软件

继续选择"导入模型",将写字板 tablet. stp 导入。如图 3-5 所示,修改该模型位姿为 {500, -100, 185, 0, 0, 90},并修改其颜色为白色。全部工作场景导入完成情况如图 3-6 所示。

图 3-5　tablet 模型导入参数

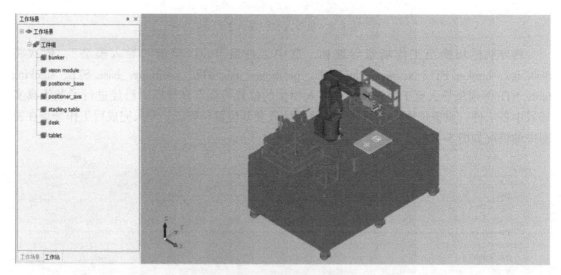

图 3-6　工作场景导入完成

(2) 移动机器人操作臂

1) 打开"机器人属性"窗口。打开"机器人属性"窗口,将"当前机器人"下拉选择框选择为"HSR605",图 3-7 所示为 HSR605 机器人末端工具坐标系相对于机器人基坐标系的位姿信息。

2) 移动工具将"中"字写出。将光标依次移动至"工具坐标系相对于"区域的 X、Y、Z 输入框内,如图 3-8 所示输入第一个点位位姿,控制仿真机器人移动至该点位。

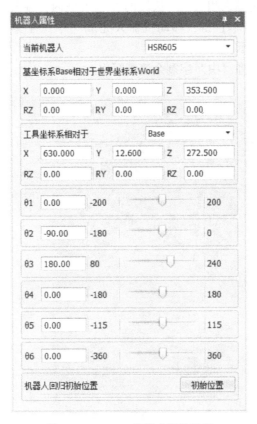

图 3-7 HSR605 机器人属性设置

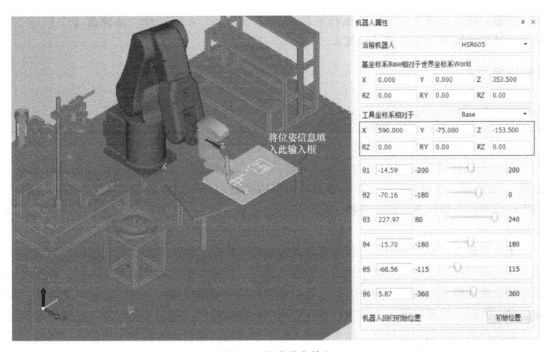

图 3-8 位姿信息输入

移动光标至"工具坐标系相对于"区域的 X 输入框内，输入 X 坐标值或按键盘【↑】键后按【回车】键，移动机器人完成"中"字第一笔画"竖画"的书写，如图 3-9 所示。

移动机器人操作臂

之后按照相同操作，将"中"字剩余笔画写出。

图 3-9　修改位姿信息 X

注意：将光标移至位姿输入框数字不同位（个、十、百位）时，按键盘【↑】【↓】键可以按照不同的精度来移动机器人。

【知识拓展】

3.1.3　机器人逆运动学简介

工业生产中所使用的各类机器人操作臂可近似等于不同节数的开式运动链，因此不同自由度的机械臂就能够简化为由一系列杆件通过转动或移动关节串联而成的连杆机构，如图 3-10 所示。在研究机器人的位姿运动时可以通过对每一段连杆创建一个坐标系，将机器人运动转换为坐标系的相对变换，进而建立出机器人的 D－H 方程，便于进行机器人运动学研究。

无论是现实世界中的物理机器人还是离线编程软件中的仿真模型，它们能够准确到达操作者预期的目标位置点都是基于运动学原理实现的。根据所给定操作信息的不同，机器人运动学的研究内容可以概括为两个方面：正运动学问题——根据机器人各关节的相对变换量，构建运动学方程，实现机器人末端执行器在空间中位姿的转换；逆运动学问题——根据给定机器人末端执行器的终端位姿信息，建立机器人运动学方程，通过对方程中未知量的求解确定出机器人各关节相应的变换量。

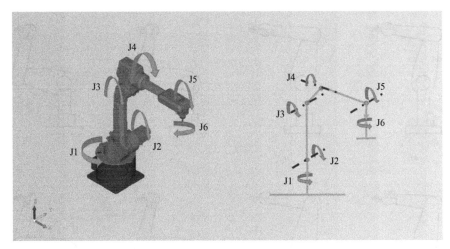

图 3-10　创建机器人连杆坐标系

两种运动学内容的研究中，逆运动学问题是研究的重点，它是实现机器人离线编程和轨迹规划的前提要求，更是机器人运动控制的基础。

工业生产机器人的流程加工轨迹，可以分解为机械臂在不同位姿终端点间的依次运动。在对机械臂末端执行器终端位姿状态进行 D－H 坐标矩阵建立之后，使用矩阵运算求解出机械臂各运动关节的相对变化量，即进行逐点的逆运动学问题运算。根据所计算出的角矢量，控制机器人按照设定顺序依次到达目标位置点位，进而实现机器人进行连续加工运动的任务要求。

传统的机器人逆运动学求解方法主要有封闭解法以及数值解法两大类。封闭解法中较为常用的有代数法以及几何法，这类方法的优点是能够在快速计算的前提下，找到机械臂达到目标位置的所有逆解。数值解法是通过所建立的机器人多项式运动方程组进行求解，因此在使用时不会受到机器人结构的限制，根据求解方程组方法的不同，又可以分为消元法、延拓法和迭代计算法三大类。随着计算机技术以及智能控制方法的不断创新提高，将机器人运动方程转化为控制问题，之后再利用包括遗传学算法、神经网络算法等各种智能计算方法进行求解正成为新的研究趋势。

在进行机械臂逆运动学求解时，由于运动学方程中反三角函数公式的存在，会导致方程组最终会求得多组解，即对于给定的位置和姿态，机械臂能够以多种姿态进行逼近。机器人运动学逆运算中所存在的多解性，使机器人模型系统具有了多输入多输出的特点，虽然提高了关节矢量变化值的求解难度，但也增加了机器人达到同一目标位置所能够进行选择的姿态，使它能够应用于更加复杂多样的场合。

工业生产中最常用的六自由度机械臂，是一种基于六个旋转关节进行运动控制的串联机器人。由于逆运动学多解性的存在，使它在控制末端执行器到达目标位姿时，可以通过多组不同的关节变化值进行实现，如图 3-11 所示。在对机器人多组关节值进行筛选时可以通过使用能量最小原则、行程最短原则等辅助条件，建立优化函数方程组，实现最佳关节矢量值的选择。在使用离线编程操作时，软件通过 3D 仿真功能在虚拟场景中显示机器人的工作姿态，帮助操作者选择出最为合理的加工轨迹，避免发生碰撞等问题。

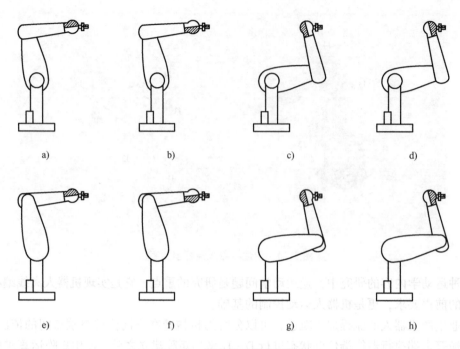

图 3-11 运动学反解的多样性

思考与练习

填空题

1. InteRobot 软件中，用户可以通过_____来操控仿真机器人运动臂。

判断题

2. InteRobot 软件中，"机器人属性"窗口需要用户在单击机器人组子节点之后才能够打开。 （　　）

3. InteRobot 软件中"机器人属性"窗口的点位设置对仿真机器人的操控原理是插补算法。 （　　）

4. 机器人末端工具坐标系在世界坐标系下的位姿信息与其在实际应用中所建立的工件坐标系下的位姿信息一致。 （　　）

5. 在利用机器人逆运动学求解决工具坐标系某位姿信息下的关节角时，能够得到一组准确的解。 （　　）

问答题

6. 什么是机器人逆运动学？试结合机器人逆运动学相关知识解释控制机器人操作臂线性移动的原理。

7. 除了在"机器人属性"窗口中直接输入机器人的位姿之外，还有什么方法能够控制仿真机器人使其操作臂末端进行线性移动？这样做有什么好处？

任务二　示教简单轨迹

【任务描述】

示教编程是工业机器人最常用的编程方式之一，它是运用机器人的示教器在线对机器人进行编程控制。InteRobot 软件也可以实现示教编程，但它不是通过示教器控制机器人，而是通过软件人机交互界面来控制仿真机器人，它的优势是可以通过模型特征点快速得到机器人末端执行器的准确位姿，因此在编程的过程中能够简化用户的操作。通过学习本任务，首先可以掌握 InteRobot 软件中轨迹示教的基本方法；其次，了解 MOVE J、MOVE L 指令的具体含义等理论知识并能够掌握选用加工指令的基本原则；最后可以有选择性的学习和掌握 InteRobot 软件中码垛操作的实现方法。

【知识准备】

3.2.1　机器人运动指令

进行机器人示教操作时不仅可以记录路径关键点位姿，还可以对实际机器人到达路径点的运动方式进行设置，如图 3-12 所示。用户可以在 MOVE J 和 MOVE L 两种选项中进行选择，其中 MOVE J 表示机器人按关节角进行运动，MOVE L 表示按笛卡儿坐标系进行运动。

在机器人学中，机器人从 A 点运动到 B 点，在不考虑时间因素的前提下，这段路径是机器人构型的一个特定序列。在进行机器人由 A 点到 B 点的运动描述时，一共有两种方式，一是空间坐标描述；二是关节坐标描述。MOVE L 是在空间坐标系下的运动路径描述，在此方式下，A、B 路径线段被离散为许多个点，之后再由逆运动学解出一系列关节量，即将一条完整的路径分割为多条直线路径。因此这种控制方法下的机器人 TCP 在 A、B 两点进行移动时的轨迹为直线。使用空间坐标系进行路径描述，用户能够直接看出机器人末端执行器的轨迹，如图 3-13 所示。

图 3-12　路径运行方式指令

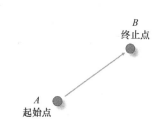

图 3-13　MOVE L 指令运动图解

当机器人需要进行大范围移动时，使用 MOVE L 指令就很容易会产生死点，造成机械装置的故障损坏。为避免这种情况的发生，在加工环境允许的前提下，当机器人的运动范围较大时，一般采用 MOVE J 进行位姿转换。MOVE J 是关节移动指令，即在机器人轨迹运动中通过驱动关节旋转角度达到目标点位，因此无法保证机械臂的运动轨迹是一条直线，如图 3-14 所示。相对于 MOVE L 指令描述，MOVE J 指令运动方式的计算量较大，但它能够保证运动过程中不会产生奇异点。

根据加工轨迹以及工艺场景的不同，在运动过程中灵活地使用两种指令，可使机器人在路径点位之间的运动方式更加合理。

机器人常用运动编程指令中除了 MOVE J、MOVE L 两种指令之外还有圆弧运动指令 MOVE C。用户通过 MOVE C 指令就可以实现控制机器人在运动过程中以圆弧的方式运动。与其他两种指令不同，在使用 MOVE C 进行圆弧移动操作时必须对起始点、经由点以及终止点共三个路径点进行设置后，才能够实现轨迹的再现，如图 3-15 所示。

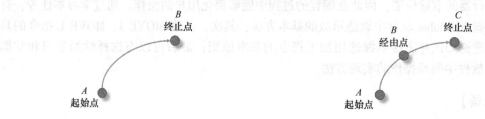

图 3-14　MOVE J 指令运动图解　　　　图 3-15　MOVE C 指令运动图解

通过离线编程软件进行工件模型的加工轨迹路径生成之后，就可以导出机器人控制程序。下面以华数机器人三型控制系统程序为例进行指令参数含义介绍，指令含义见表 3-1。

指令格式：

P[1]｛GP:0,UF:0,UT:0,CFG:[1,0,0,0,0,0],LOC:[826.3539, − 62.4250,291.7000,0.0000, − 0.0000,0.0000,0.0,0.0,0.0]｝;

J_ACC = 100

J_DEC = 100

L_ACC = 100

L_DEC = 100

L　P[1]　VEL = 100

表 3-1　三型系统控制程序含义

序号	参数	说　　明
1	P1	点位序号：当前点位加工路径中的序号
2	GP	组号：加工点位所在组的序号，默认为 0
3	UF	工件号：用户所设定的工件序号
4	UT	工具号：加工时所用到的工具编号
5	CFG	位姿：关于手腕、肘、臂的六轴姿态表示方式
6	LOC/JNT	关于角度：机器人在当前位姿的参数信息，当输出实轴时为机器人在该点各轴关节的角度，输出虚轴是笛卡儿坐标数值；后三个数据为附件轴数值
7	L/J	运行方式：L 为直线行走 MOVE L，J 为关节行走 MOVE J
8	VEL	速度：系统默认值的百分比数值
9	ACC	加速度：系统默认值的百分比数值
10	DEC	减速度：系统默认值的百分比数值

【任务实施】

3.2.2 机器人轨迹示教

（1）创建示教操作 在工作站导航树下的工序组节点上单击鼠标右键，单击"创建操作"从而打开"创建操作"窗口，如图3-16所示。

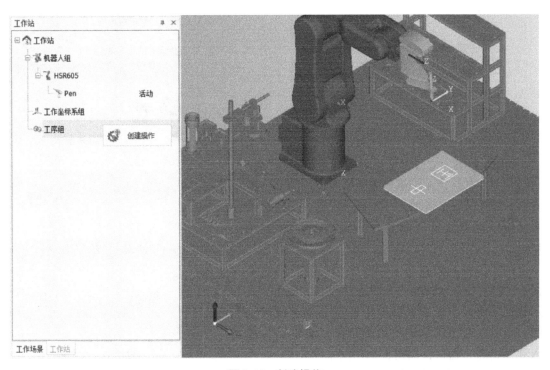

图3-16 创建操作

如图3-17所示，在"创建操作"窗口选择操作类型为"示教操作"，加工模式选择为"手拿工具"，即机器人末端装夹为工具而非工件；选择机器人为"HSR605"，工具为"Pen"，工件选择为"tablet"，将操作名称修改为"写字"，单击【确定】按钮完成示教操作创建。

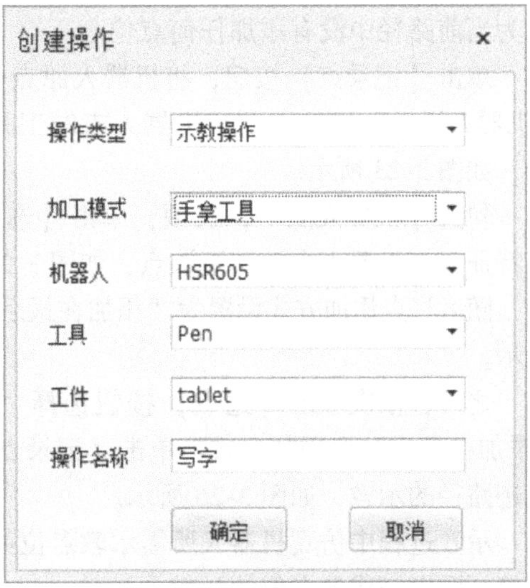

示教操作创建完成后，软件便会在工作站导航树内的工序组节点下生成一个示教操作的子节点，其名称与用户创建的操作名称一致。创建示教操作完成后的工作站导航树情况如图3-18所示。

用户可以对创建完成的操作进行随时修改：在对应的操作节点上单击鼠标右键之后选

图3-17 示教操作创建

中"编辑操作"，软件界面便会弹出"编辑操作"窗口，如图 3-19 所示。

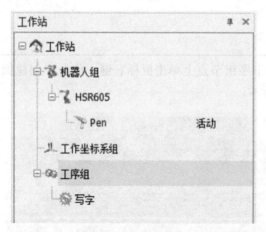

图 3-18   创建示教操作后的工作站导航树

图 3-19   示教操作右键菜单

"编辑操作"窗口的设置项与"创建操作"窗口的雷同，其区别在于用户无法修改操作的加工模式。其他参数包括机器人、工具、工件、操作名称等，用户都可以重新对其进行设置，如图 3-20 所示。

（2）添加示教路径   用户在添加示教操作完成后，便可以在示教操作上添加路径点，从而生成示教加工路径。在示教操作子节点上单击鼠标右键，随后在弹出的右键菜单中选择"编辑点"进入"编辑点"窗口，如图 3-21 所示。

"编辑点"窗口如图 3-22 所示，在用户没有添加任何点位的情况下，点编号 Num 是"0"，其含义为当前路径中没有添加任何点位。

图 3-20   编辑操作

单击【记录点】按钮，将机器人原点位姿记录为机器人运动路径的起始点；之后打开"机器人属性"窗口，调整机器人末端工具的位姿，并单击【记录点】按钮，从而生成路径，如图 3-23 所示。

勾选【机器人随动】选项，单击【选点】按钮，移动鼠标选择 tablet. stp 模型上"中"字特征点，机器人会随动至该点，如图 3-24 所示。

随后将点添加方式设置为"添加在最后"单击【记录点】按钮，将该点记录，如图 3-25 所示。

之后，依次单击【选点】按钮选择"中"字模型特征点，待机器人随动到位后，在"添加在最后"点添加方式下单击【记录点】按钮，将其点位位姿信息记录，完成书写中字轨迹路径的示教，如图 3-26 所示。

示教过程中仿真机器人所需示教点位如图 3-27 所示，各点位姿信息见表 3-2。请自行按照笔画顺序完成各点位的示教。

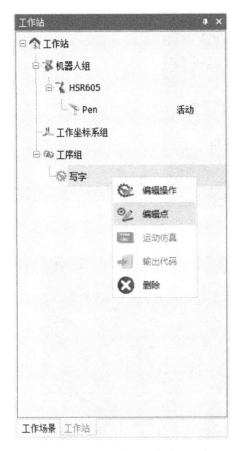

图 3-21　调出"编辑点"

图 3-22　路径中无点位编辑界面

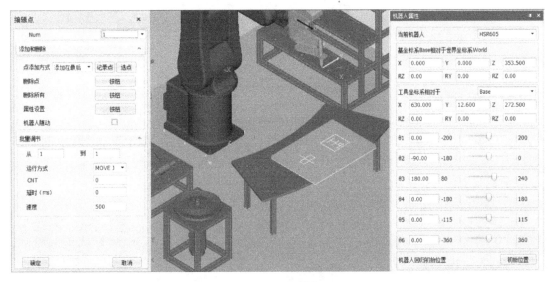

图 3-23　记录点

图 3-24　示教"中国"点位

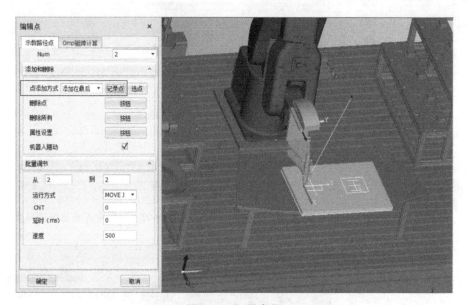

图 3-25　记录点位

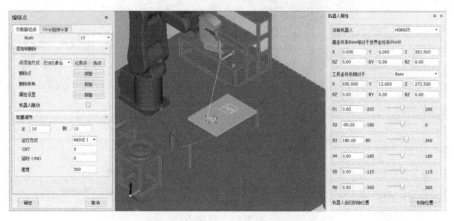

图 3-26　"中"字轨迹示教完成

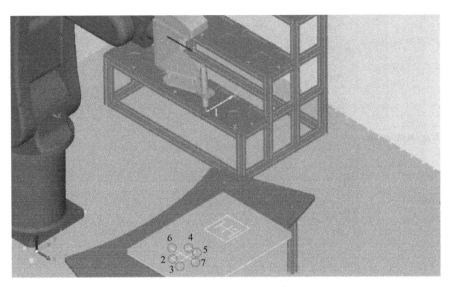

图 3-27 示教点位位置示意图

表 3-2 示教点位位姿信息表 （单位：mm）

序号	点位位姿信息					
	X	Y	Z	RZ	RY	RZ
Num1	630.000	12.600	272.500	0.00	0.00	0.00
Num2	590.000	−75.000	−153.500	0.00	0.00	0.00
Num3	615.000	−75.000	−153.500	0.00	0.00	0.00
Num4	590.000	−75.000	−153.500	0.00	0.00	0.00
Num5	590.000	−10.000	−153.500	0.00	0.00	0.00
Num6	615.000	−10.000	−153.500	0.00	0.00	0.00
Num7	615.000	−75.000	−153.500	0.00	0.00	0.00
Num8	615.000	−10.000	−153.500	0.00	0.00	0.00
Num9	556.000	−42.500	−153.500	0.00	0.00	0.00
Num10	643.000	−42.500	−153.500	0.00	0.00	0.00

（3）修改示教路径 为了实现完整无误地操控仿真机器人写出"中"字，还需要添加一些特殊点位以及修改点位之间的运动指令。需要注意的是，在实际中往往是预先规划好机器人的运动路径，然后再对其进行相关点位的示教。

1）点位添加。打开"编辑点"窗口，勾选"机器人随动"选项，这样在用户切换当前点序号 Num 时，机器人便会移动末端工具至所记录的当前点位位姿。在修改或记录点位信息时，用户便可以通过勾选"机器人随动"选项参考上一点位或前几个点位的位置和姿态信息，从而有利于更好地设置下一个示教点的位姿。

添加"中"字路径进入点。将点位序号 Num 选择为"1"，在"中"字上方添加进入点，移动仿真机器人至此点，将点添加方式修改为"后面加入"，单击【记录】按钮，在 Num1 号点后记录路径进入点点位信息，如图 3-28 所示。

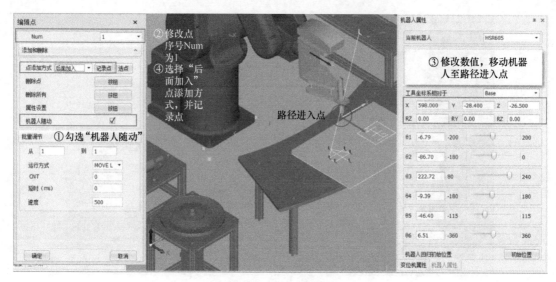

图 3-28　添加路径进入点

添加"中"字第一笔画"竖"路径进入点。将点位序号 Num 设置为"3"，机器人随动至如图 3-29 所示点位处，即"中"字第一笔画"竖"上方添加进入点，移动仿真机器人至此点上方 30mm 处，将点添加方式修改为"前面加入"，单击【记录】按钮，在 Num3 号点后记录路径进入点点位信息。用户也可以利用"后面加入"、"修改当前点"等点添加方式对点位进行修改。

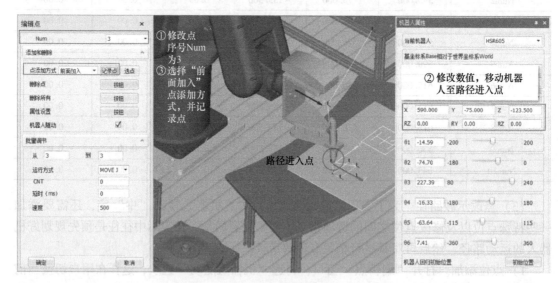

图 3-29　路径进入点 2

之后，依次添加"中"字各笔画路径进入点，完成写字轨迹中所有点位的示教，如图 3-30 所示。

2）指令修改。在示教操作的"编辑点"窗口中添加的机器人末端工具期望点位的默认运动方式为 MOVE J，在 3.1.4 节中已经阐述了机器人各运动指令的特点，因此可对某些点

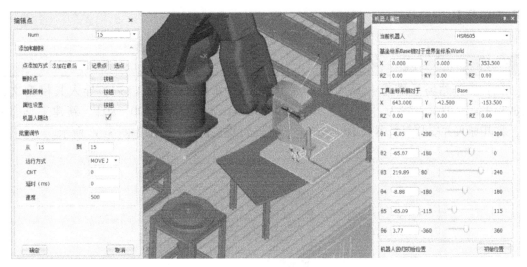

图 3-30 点位示教完成

位修改其运动方式以使机器人的运动更加合理。

"编辑点"窗口中，在批量调节区域输入从"1"到"2"，修改机器人以"MOVE J"运行方式从点 1 运动至点 2，单击【确定】按钮完成修改。修改情况如图 3-31 所示。

同样，将点位 2 至 15 之间每两点之间的运行方式修改为"MOVE L"，如图 3-32 所示。至此，"中"字路径完成添加。

示教简单轨迹

图 3-31 指令修改 1　　　　图 3-32 指令修改 2

【任务拓展】

3.2.3 码垛操作仿真实现

（1）工作站场景搭建　导入机器人 HSR605。新建工具 stackTool，导入其模型文件 stackTool.stl，TCP 设置为 {53.527，47.427，98.84，-135.07，90，80}。新建工具完成后，将其导入并安装至机器人 HSR605 上。机器人及工具导入情况如图 3-33 所示。

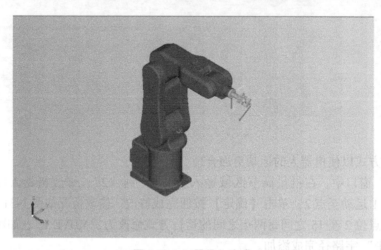

图 3-33　工具导入完成

将导航栏切换至工作场景导航树，选中工件组节点，单击右键以打开"导入模型"窗口，依次将 desk.igs、bunker.STL 等模型导入至工作场景中，这些模型的位置与姿态在建模时已经进行了基于真实常见的偏移，故无须改变其位姿，导入完成后工作场景在视图中的情况如图 3-34 所示。

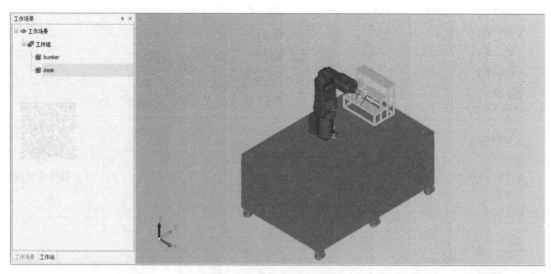

图 3-34　模型导入完成情况

继续将写字板码垛台 stackingTable 导入，如图 3-35 所示修改其位置、姿态为 {470，0，185，0，0，0}。

图 3-35　修改模型导入参数

接下来导入码垛物料 square，修改其位置、姿态为 {-24.7，27.2，0，0，0，0}，完成码垛仿真工作站的搭建。码垛仿真工作站搭建完成如图 3-36 所示。

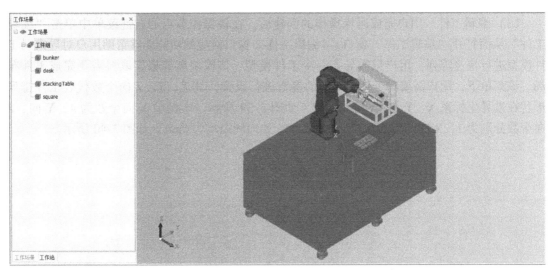

图 3-36　工作场景搭建完成情况

（2）创建码垛操作　右键单击工序组节点，可以选择创建一个码垛操作。码垛操作的加工模式默认为"手拿工具"加工模式，无"手拿工件"选项。码垛操作创建之前用户必须：

1）导入机器人。

2）为机器人选择工具。

3）导入所需码垛的工件。

用户完成上述三项操作之后，便可创建码垛操作，本例中选择机器人为"HSR605"，工具为"stackTool"，码垛工件为"square"，如图 3-37 所示。

创建完成后，InteRobot 软件将会在工序组节点下新增一个码垛操作的子节点，用户可以对该码垛操作进行相关设置，如图 3-38 所示。

图 3-37　创建码垛操作

图 3-38　码垛操作的子节点

（3）编辑工件　用户完成码垛操作的创建后，在该操作节点的右键菜单中单击"编辑工件"从而打开"编辑工件"窗口。"编辑工件"窗口对应的功能能够帮助用户对导入的工件模型进行快速阵列，用户只需导入一个工件模型，该模块就能根据取料需要完成工件布局。该菜单下，用户需要对工件布局中的参数进行设置，其 X、Y、Z 向个数代表工件排列形状在世界坐标系 X、Y、Z 方向的个数，如图 3-39 所示。本例中 X 向个数为 4，Y 向、Z 向个数分别为 1，X 向间距为 –120mm，Y 向、Z 向间距均为 0mm，如图 3-40 所示。

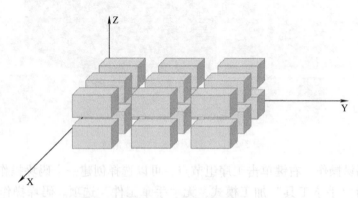

图 3-39　工件布局示意

用户需要根据实际情况修改工件布局参数，随后单击【布局】按钮，完成工件布局，单击【确定】按钮，如图 3-41 所示。

图 3-40 编辑工件布局窗口

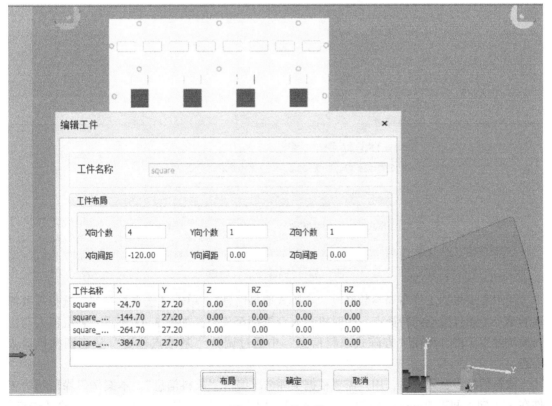

图 3-41 工件布局

（4）码垛路径的添加　当用户完成码垛布局后，在该操作节点的右键菜单中单击"编辑路径"，将弹出"码垛路径"窗口。下面以方阵式取料为例，讲解编辑路径的步骤（与传送带式路径编辑步骤一致）。如图3-42所示取料方式选择"方阵式"。

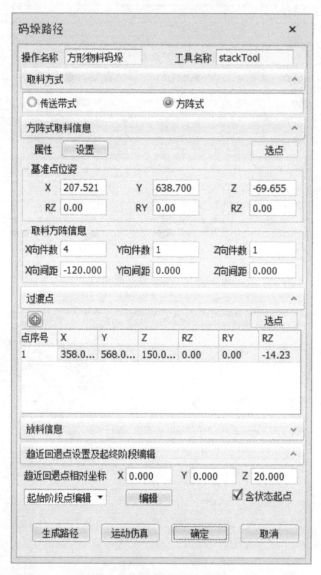

图3-42　"码垛路径"窗口

用户需要根据工件布局参数修改"方阵式取料信息"，单击【选点】按钮，选择需要抓取的第一个工件模型的特征点，同时机器人会随动至该点，如图3-43所示。若机器人与出料模块发生干涉，可在"方阵式取料信息"中通过调整"基准点位姿"从而调整机器人姿态。

取料信息设置完成后，用户需要根据实际情况编辑"放料信息"。本案例码垛形状为工件在X方向上间隔50mm排列的"一"字形。用户首先需要单击"放料信息"的【选点】按钮，选择放料位置为码垛台模型的特征点。由于码垛工件厚度为20mm，所以用户需要对

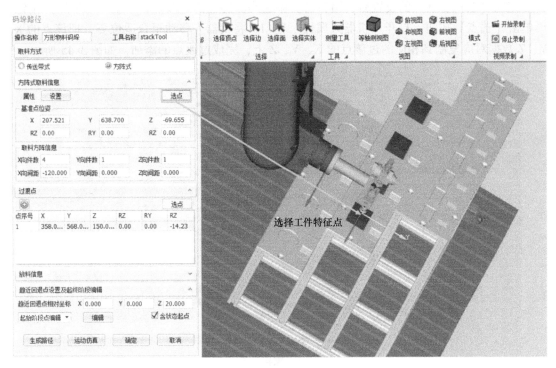

图 3-43 编辑取料信息

基准点位姿在 Z 轴正方向上偏移 20mm，同时调整基准点位姿防止机器人与码垛台发生干涉，如图 3-44 所示。

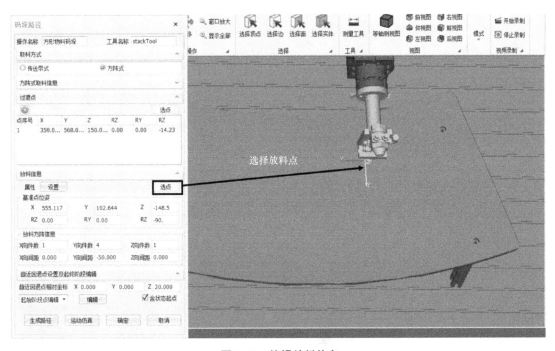

图 3-44 编辑放料信息

　　完成"放料信息"的设置后，用户需要添加码垛路径的过渡点，单击◉（添加）按钮，再单击【选点】按钮，打开"机器人属性"窗口，将机器人移动至合适位姿，把该点的X、Y、Z数据对应复制到相应的过渡点的X、Y、Z上，完成过渡点的添加，如图3-45所示。

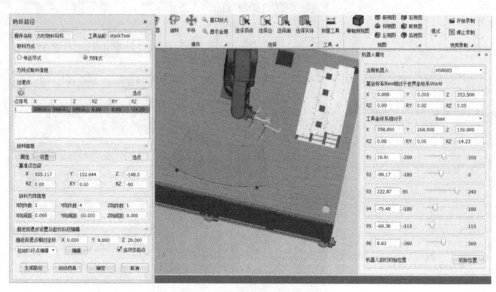

图3-45　编辑过渡点

　　单击【生成路径】按钮后，用户即可看到生成的路径点。单击【运动仿真】按钮，即可对该路径进行仿真，如图3-46所示。

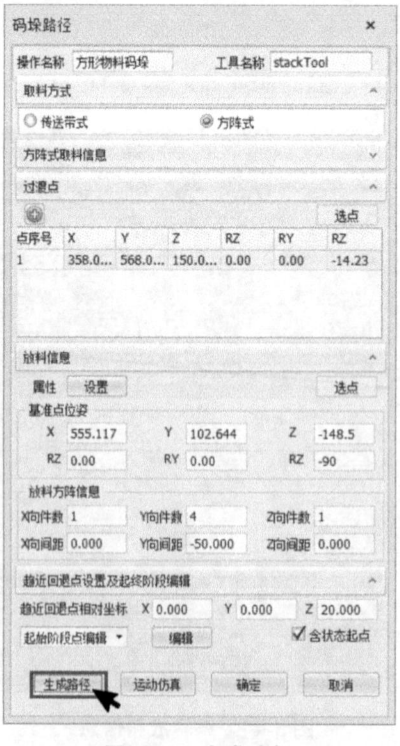

图3-46　生成路径

以上是方阵式码垛的操作方式，码垛的传送带式的编辑路径操作和方阵式一致。两者操作区别在于工件布局的方式不同，传送带式的工件布局参数中 X 向间距为 0，即不同数量的工件都重叠在同一位置，如图 3-47 所示。

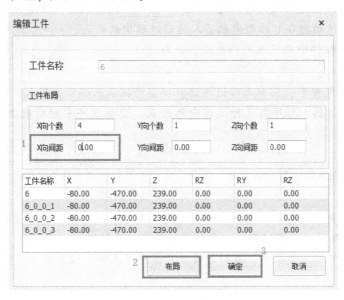

图 3-47　编辑工件

为了在真实机器人上实现码垛操作，用户还需要对路径中的取放物料点位添加 IO 指令，这样实际机器人将根据 IO 属性设置，实现对工件的抓取和放下操作。用户只需要在"取料方式"与"放料信息"中的"属性设置"中添加 IO 指令，软件就会自动地将该指令添加至所有取放料点之后，如图 3-48 所示。

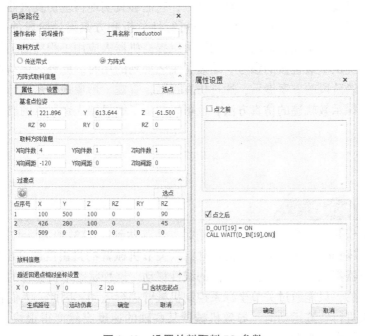

图 3-48　设置放料取料 IO 参数

思考与练习

填空题

1. 当机器人位姿变化较大时，通常利用_____指令来进行位姿变化。

2. _____运动指令可以避免机器人运动过程中的死点。

3. InteRobot 软件中码垛路径的生成步骤为_____、_____、_____。

判断题

4. InteRobot 软件中，用户无法通过选取模型特征点来移动机器人。 （ ）

5. 为了保证机器人程序在运行过程中无死点，运动程序中的所有运动指令都应该为 MOVE J 指令。 （ ）

问答题

6. 举例说明在编写机器人程序时，哪种情况下使用 MOVE J 指令，哪种情况使用 MOVE L 指令。

7. 在设置"码垛路径"取、放料信息点时，有可能会发生工具与其他周边设备的干涉，试分析有哪几种方法能够解决工具与周边设备的干涉？

8. 在 3.2.3 节码垛案例中，取料过渡点应该设置在哪一位置较好？为什么？

任务三　示教轨迹仿真

【任务描述】

运动仿真是离线编程软件的重要功能之一，它能够真实地再现仿真机器人及其周边设备的运行情况，使得离线编程软件成为了项目可行性分析和方案设计阶段的一个重要辅助工具。在项目的工艺设计阶段，运动仿真功能可以提高机器人应用工程师的工作效率，为编辑机器人运动路径提供了最直接的参考，缩短了工艺规划的用时。此外，运动仿真功能还能够应用于与客户洽谈阶段的方案展示，通过仿真视频，直观、形象地展示设计方案。通过学习本任务，可以掌握示教轨迹的仿真方法，也可以初步了解机器人奇异点的出现情况与其规避原则等理论知识。

【知识准备】

3.3.1 机器人奇异点

机器人以笛卡儿坐标系为基础进行运动时，当其达到如图 3-49 所示位置，即机器人的关节轴 J4 与关节轴 J6 构成同轴关系状态时，六关节机械臂的自由度就会出现退化的情况，表现为末端执行器将无法实现沿轴线方法的线性移动。这种状态下机械臂的末端执行器速度矢量就不是任意的，只能通过关节坐标系控制机械臂进行运动。因此，人们将这种在机器人以笛卡儿坐标系进行轨迹运动时，导致机械臂某些轴的速度突然变得很快，而 TCP 路径速度出现显著减缓的点称为奇异点。

奇异点是在机器人进行逆运动学求解的过程中产生的，它并不是一个固定的特殊位置点，而是与机械臂的姿态以及机器人的运动、控制、精度等方面的性能有很大的关系。当机械臂在运动中出现两个或两个以上的关节轴共线时，机器人将不能够按照预期轨迹进行加工运动，导致机器人出现不可预期的运动状态。

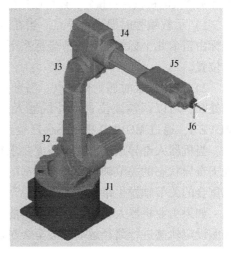

图3-49　六轴机器人腕关节奇异点

以工业生产中常用的六轴串联机器人为例，按照奇异点出现部位的不同可以分为腕部奇异点、肩部奇异点以及肘部奇异点。奇异点状态下，控制系统将尝试驱动出现奇异状态的两个关节轴进行瞬时旋转180°，从而导致机器人失控甚至造成机械故障。其中腕部奇异点的状态如图3-49所示，这时机器人关节轴J6与关节轴J4处于重合或平行状态。

肩部奇异点出现在腕部中心（关节轴J4、关节轴J5和关节轴J6的交点）与关节轴J1旋转中心共线的位置处，这时控制系统将尝试驱动关节轴J1与关节轴J4进行瞬间旋转180°。在特殊情况时，机器人的关节轴J6会移动到与关节轴J1以及腕部中心三点共线的状态下，这种状态下的控制系统尝试驱动关节轴J1和关节轴J6瞬间旋转180°，这种肩部奇异点的特殊状态也称为对齐奇异点，机器人状态如图3-50所示。肘部奇异点出现在腕部中心和关节轴J2、关节轴J3共面的状态下，这时的各段机械臂处于拉伸状态，肘关节被锁住，导致机器人无法运动，其运动状态如图3-51所示。

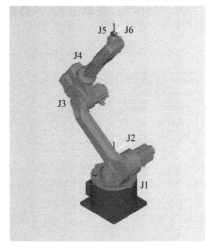

图3-50　肩部奇异点状态

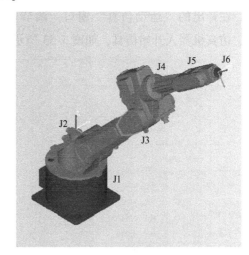

图3-51　肘部奇异点状态

机械臂处于奇异点状态时，某些关节角速度趋向于无限大，从而导致机器人很容易出现失控状态，而无法实现操作者所预期的加工运动，所以在进行轨迹规划时要尽量避免奇异点的出现。

当机械手臂的关节轴数量增加时，机械手臂自由度也会增加，使机器人能够生成更多可以避开奇异点位置的运动路径，也可以进行运动轨迹更加复杂的工艺加工。但由于奇异点常发生在两轴共线处，所以发生奇异点的位置与机会也会增加。机器人避免经过奇异点位置的方式，除直接增加机器人的机械臂数量外，还可以根据不同的路径编程方法选择合理的处理方式。

1）示教编程时遇到奇异点。当在示教编程过程中遇到奇异点时，可以将机器人的示教坐标由笛卡儿坐标切换到关节坐标系下，通过手动操作旋转相应关节轴，使机械臂离开奇异点位置。

2）逻辑编程时遇到奇异点。当奇异点发生在轨迹路径中不重要或是精度要求不高的位置处时，可以调整该位置点处机器人的运动姿态，例如将关节运动指令由 MOVE L 改为 MOVE J，通过 MOVE J 指令不会产生奇异点，使机械臂避免经过奇异点位置。

当机器人奇异点位置位于精度要求较高等轨迹中时，可以在对应指令的运动完成后，为处于奇异状态的关节轴插入一个移动的附加指令，通过微量调整的机器人姿态，使处于平行或重合的关节轴发生错位，进而避免奇异点位置处所产生的影响。

如果工业机器人在加工过程中不能够顺利的避免奇异点的状态，就会导致机械臂不能够按照设定轨迹进行路径运动，甚至会对机器人本体或是周边装置产生损坏。

【任务实施】

3.3.2 仿真示教轨迹

无论是示教操作、离线操作还是码垛操作，InteRobot 离线编程软件均提供了对这些操作的运动仿真功能。不同的是，离线操作需要用户在运动仿真前生成路径。而对于示教操作与码垛操作的运动仿真，则在路径点添加完毕后即可进行。本节介绍示教操作的仿真方法。

在工作站导航树的工序组节点下选中之前创建的"写字"示教操作，在其右键菜单中选择"运动仿真"，如图 3-52 所示。

在弹出的"运动仿真"窗口，调节"仿真速度"为"25%"，并单击 （播放）按钮，仿真机器人开始仿真，如图 3-53 所示。

图 3-52　运动仿真

图 3-53　"运动仿真"窗口

思考与练习

填空题

1. 机器人奇异点包括_____、_____、_____。

2. 肩部奇异点出现在_____与_____旋转中心共线的位置处。

3. 肘部奇异点出现在腕部中心和关节轴J2、关节轴J3_____的状态下。

判断题

4. 在其他运动机构中，奇异点有一定的有利作用；在工业机器人中，也存在着奇异点对机器人作业有利的情况。　　　　　　　　　　　　　　　　　　（　　）

5. InteRobot软件中，仿真模块会对轨迹离散点位进行插补。　　　　（　　）

问答题

6. 机器人在示教生成轨迹的过程中，有哪些方法可以规避奇异点？

7. InteRobot软件是如何实现机器人在示教点位之间运动仿真的？

【项目总结】

项目名称		
项目内容		
知识概述		
自我评价	分析能力	InteRobot示教优势分析
		MOVE J、MOVE L运动指令选择分析
		机器人奇异点规避方法分析
	规划能力	机器人示教路径规划
	应用技能	利用【机器人属性】操控将机器人机械臂
		【码垛操作】创建与实现
		【示教操作】创建与实现
		【示教操作】仿真方法

【项目拓展】

示教码垛项目拓展

InteRobot软件支持用户将生成的控制代码输出，操作方法为鼠标右键单击路径所在的节点，在其右键菜单中单击"输出代码"。要求：

1. 输出本章3.2.3节在"属性设置"中增加了IO指令的码垛操作的运动控制代码，观察"属性设置"是如何为控制代码增加其他指令的。

2. 在3.2.3节搭建完成的工作场景中,创建示教操作,使其从搬运取料点经过渡点至搬运放料点,如图3-54所示,并为其取、放料点位添加IO指令等,完成示教操作下搬运程序的生成。

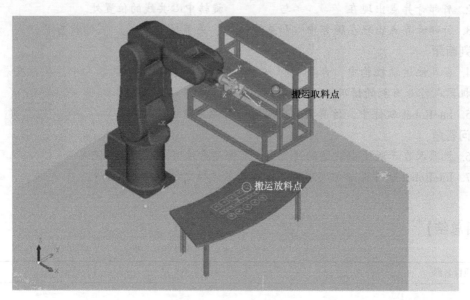

搬运取料点

搬运放料点

图3-54 搬运取放料点

3. 试利用"属性设置"功能,在上一步(要求2)中生成的路径的某些点位之前增加循环指令、寄存器指令、IO指令等,编写循环程序,实现与本章3.2.3节同样的码垛功能。

项目四

复杂轨迹的离线编程与仿真

【项目目标】

◇ **知识目标**

1. 了解离线编程轨迹自动添加的基本方法。
2. 了解刀位文件添加与手动路径添加的基本方法。
3. 了解通过路径点生成加工轨迹的基本方法。

◇ **能力目标**

1. 掌握离线编程轨迹自动添加的方法。
2. 掌握对轨迹点进行批量修改的方法。
3. 掌握进退刀点位的设置方法。
4. 掌握特殊点位的添加方法。
5. 掌握进程碰撞干涉检测的方法。

【知识结构】

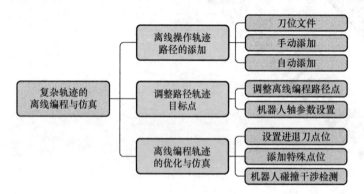

任务一　添加离线操作轨迹路径

【任务描述】

在进行机器人离线编程操作过程中，当机器人运动点位过多或是工件的加工轨迹路径太过复杂时，使用示教方法进行编程操作的难度很大，这时就要使用软件的离线操作功能进行实现。InteRobot 软件为用户提供了自动路径、手动路径和刀位文件三种路径添加方式（图4-1），在自动路径添加方式中又分为通过线与通过面两种创建路径。本任务以3C手机壳打磨加工为例，介绍通过自动路径方式进行轨迹添加的实现步骤。通过学习

图4-1　路径添加

本任务，可以掌握轨迹路径的三种添加方法，同时了解 InteRobot 软件中离散参数的具体含义。

【知识准备】

4.1.1 手动路径添加方式

手动路径添加方式需要用户单个添加路径点，与示教操作中的单点添加不同的是，手动路径添加点时并不考虑机器人的运动，即不需要将机器人末端执行器移动到所添加的路径点上，而且所提供的点的选取方式与示教截然不同。

手动路径添加方式是通过鼠标单击确定所要添加的点的位置，然后对该点的姿态进行调整。手动路径添加点的方式有三种，分别是在面上单击、在线上单击以及直接单击点。

选择好参考元素后，单击【点击】按钮，即可拾取所选参考元素类型的点，如图4-2所示。

除了通过单击生成外，也可通过参数生成路径点。参数生成方式的参考元素有线和面两种：当选择以线为参考元素时，由于在对模型进行建模时单线并不存在 U、V 两向，因此在该参数生

图4-2 手动路径单击生成参考元素

成过程中只需对该线的 U 向也即该线条长度方向进行设置即可，如图4-3所示。因此选择参考元素为线后，软件会自动在线上生成对应 U 向值的点。

如图4-4所示，当选择参考元素为面时，将增加 V 向值的设置。选择面后，软件可自动在面上对应 U、V 值处生成路径点。

图4-3 手动路径-线参数生成

图4-4 手动路径-面参数生成

完成点的选择后，InteRobot 软件提供了对点姿态的调整功能。如图4-5所示，主要分为调节点的法向（Z 轴朝向）和切向（X 轴朝向）两种。

点姿态法向调整分为"面的法向"、"沿直线"以及"反向"三种设置方式。

单击【面的法向】按钮后，选择模型上的一个面，当前点的 Z 向将更改为与所选面法向相同的方向。

单击【沿直线】按钮后，选择模型上的一条直线，当前点的 Z 向将更改为与所选线指向相同的方向。

单击【反向】按钮后，当前点的 Z 向将更改为相反方向。

在进行点姿态切向修改时，可直接在框中输入角度值，单击【归零】按钮，该点的 X 轴将绕 Z 轴旋转相应的角度，同时清零之前输入的值。若单击【反向】按钮，则将 X 轴朝向更改为相反方向。

手动添加后的点，会在列表中显示如图4-6所示的参数值。单击⊕图标即可新建一个

手动点，单击图标即可删除列表中选中的点，通过单击上下箭头还可调整点在路径中的顺序。

图4-5 手动路径-调整姿态

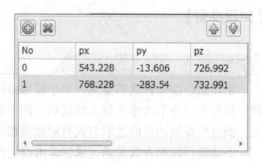

图4-6 手动路径点列表

4.1.2 刀位文件添加方式

刀位文件添加方式是一次性完成所有路径点的添加操作。用户事先利用 UG 等类型的 CAM 建模软件生成 cls 格式的刀位文件，之后将刀位文件导入软件中进行路径添加。当所加工的模型具有复杂的不规则加工表面，或是手动路径添加以及自动路径添加都很难甚至无法完成路径添加时，使用导入刀位文件添加的方式是最佳的选择。

将导入的刀位文件内容进行解析，就能够获取其中的加工路径信息，进而转化为 InteRobot 可识别的加工路径，以便进行后续的操作。如图4-7所示，当刀位文件导入完成后，还需要对工件坐标系在世界坐系的表示以及副法矢方向（X 轴的方向）进行选择设置。

图4-7 导入刀位文件

（1）工件坐标系相对世界坐标系的设置　工件坐标系指的是在 CAM 软件导出刀位文件时，工件模型的坐标系。更准确地说，指的是刀位文件中刀路所处的坐标系。设置工件坐标系相对世界坐标系的表示，即设置刀位原点坐标，目的在于调整刀位文件中的刀路与模型加工表面契合，保证所输入值的部分与被加工工件导入时的位置与姿态值保持一致，操作界面如图 4-8 所示。

（2）副法矢方向的设置　副法矢设置将影响所有刀路中点的副刀轴方向，操作界面如图 4-8 所示。参考方向设置完成后，刀路中所有点的副刀轴将更改为参考矢量与自身副刀轴的矢量积的值。合理设置副法矢参考方向，将大大缩减编辑点的时间，提高生成路径的成功率。

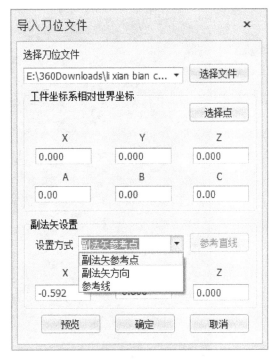

图 4-8　刀位文件参数设置

由于 InteRobot 软件中不支持圆弧指令，因此生成刀位文件时应注意将轨迹路径中的圆弧指令修改为直线指令。

4.1.3　路径自动添加方式

路径自动添加方式，即自动识别工艺模型的特征曲面实现轨迹创建。与刀位文件添加相同，这种路径添加方式可以一次性完成所有路径点位的添加，因此自动路径添加方式非常高效，所添加的路径也具有明确的规律。根据加工路径点创建原理的不同，软件为用户提供了"通过面"与"通过线"两种生成方式。

（1）通过面　在使用"通过面"创建加工路径点时，在基准面、曲面外侧方向、加工方向以及轨迹生成方法设置完成之后，软件就能够生成一条完整的运动路径（图 4-9）。由于机器人的运动是通过逐个计算目标点关节角的变化量来实现的，即机器人是不能够按照一条连续的路径去计算其关节角的，因此就需要对软件所生成路径进行点选取操作—离散操作。

离散即不连续，就是在连续路径上的无穷多个点中抽取一部分点。通过调节离散参数的大小，控制离散的程度，就能够按照一定的规律进行关键点选取。所设置离散程度越小，所选取的点数也就越多。在实际生产过程中，可以通过对工件精度的要求，合理地进行离散参数的设置。当然，精度并不是越高越好，过高的精度只会带来浪费，适合的精度才是最佳选择。

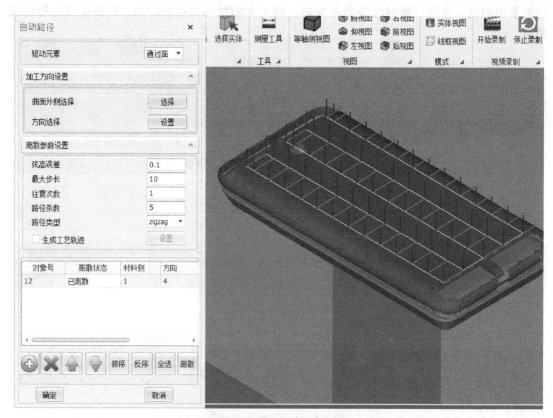

图4-9 "通过面"添加路径

（2）通过线 在选择"通过线"进行轨迹路径添加实现时，可以使用直接选取、平面截取以及等参数线三种方式进行操作。

1）直接选取。直接选取方法是在用户定义的范围面中，直接进行加工路径选取的操作方法。下面以图4-10所示为例进行说明，首先通过【选择面】按钮点选A面，即确定所生成的路径所在。之后通过【选择线】按钮在A面内选择一条线a，则该条线即为所创建的轨迹路径线。

2）平面截取。平面截取方法是利用两个平面不平行时，一定会产生一条相交线的原理实现的。以图4-11为例，首先选择平面A为基准面，之后在平面中选择一个点并确定其法方向，就可以确定出一个截面B，两个截面的交线即为所生成的路径线。

3）等参考线。等参考线方法是在选中基准面后，基于用户所设定的生成参数，在面内生成相应的轨迹路径直线。以图4-12为例，在选择A面为基准面后，通过修改参考方向为

图 4-10　直接选取

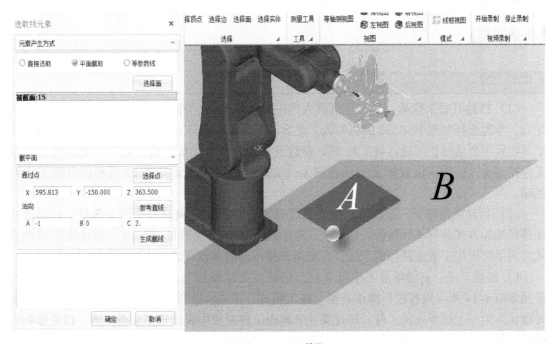

图 4-11　平面截取

U向并设定参数值为0.2，就能够在 A 面内生产轨迹线 B。

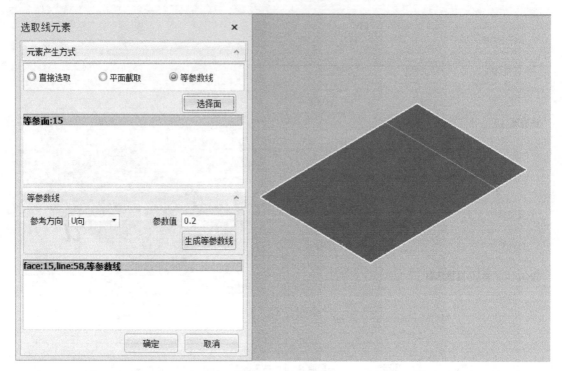

图 4-12　等参考线

参数值的设置原理是将平面在 U、V 方向的长度视为1，通过所填写数值按百分数比例生成对应的加工轨迹，因此参数值选项中的取值范围为 0 ~ 1。

【任务实施】

4.1.4　自动添加打磨路径

（1）搭建打磨工作站　首先从机器人库中导入机器人，亦可根据实际需求新建机器人导入，本次选择型号 HSR630 的机器人。之后在工具库中选择对应的打磨工具进行导入，当工具位姿不合适时，可通过对工具 TCP 参数进行修改调整。最后将打磨工作站的周边以及工件模型导入，读取位置标定文件获取工件实际位置，完成如图 4-13 所示的打磨工作站创建。

（2）创建轨迹路径　手机壳打磨需要进行背面打磨以及侧面打磨两个部分，可通过自动路径添加方式进行离线编程。在本次任务中将分别使用"通过面"与"通过线"两种方式实现手机壳加工轨迹路径的生成，并对离散操作时的参数设置方法进行介绍。

1）创建工序。右键单击工序组节点，选择"创建操作"。进入"创建操作"窗口后，按照如图 4-14 所示内容进行操作类型、加工模式、工具、工件等内容的添加。工件选择项处默认为第一个被导入的工件，因此要注意检查工件对象中模型选型是否正确，以免影响后面的操作。完成操作内容添加后，将操作名称中内容修改为"背面打磨"，单击【确定】按钮，完成工序创建操作。

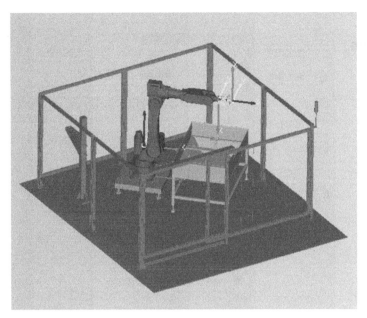

图 4-13　打磨工作站创建

图 4-14　工序创建操作

2）背面打磨路径添加。右键单击所生成的【背面打磨】子节点，单击菜单中"路径添加"，按照如图 4-15 所示的操作内容，将"路径添加"窗口中的路径名称改为"背面打磨"，之后选择"自动路径"并单击【添加】按钮，进入"自动路径"窗口。

在图 4-16 所示的"驱动元素"下拉选择框中，选择"通过面"，之后单击左下角 ⊕ 图标，进行添加对象操作。

单击 3C 手机壳模型的背面，所选中部分就会显示为如图 4-17 所示，表示手机壳背面待加工的范围面积。面选取完成后，列表中会显示该面在 InteRobot 软件中分配的唯一对象号。

图 4-15 路径添加操作

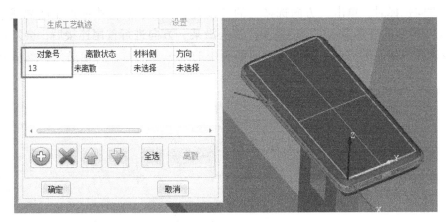

图 4-17　自动路线—选择面

单击生成对象的参数条，激活"自动路径"窗口中的"加工方向设置"区域。其中的"曲面外侧选择"将决定随后所添加的路径点的 Z 轴朝向，如图 4-18 所示，在加工过程中路径点的 Z 轴方向通常垂直于加工表面，因此所选的曲面外侧即为刀轴方向。如果需要修改刀轴方向为非垂直方向，那么在添加路径完成后，可在编辑点处修改。

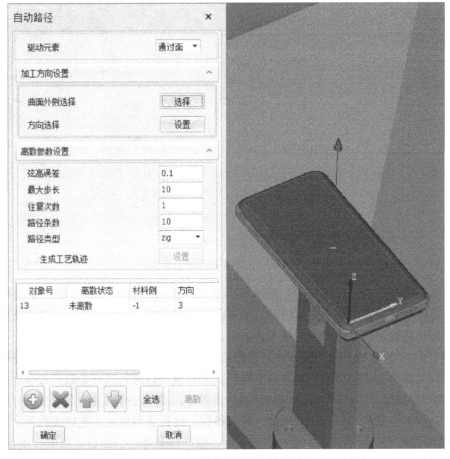

图 4-18　自动路径—曲面外侧选择

加工方向选择时，单击"方向选择"的【设置】按钮，所选中的加工面视图中就会生成如图 4-19 所示的许多表示方向的箭头。箭头沿某一方向进行首尾连接后，会发现这些箭头用于表达两个相反的方向，当选择一组箭头中的某一方向时，其他箭头将默认同该方向一致。

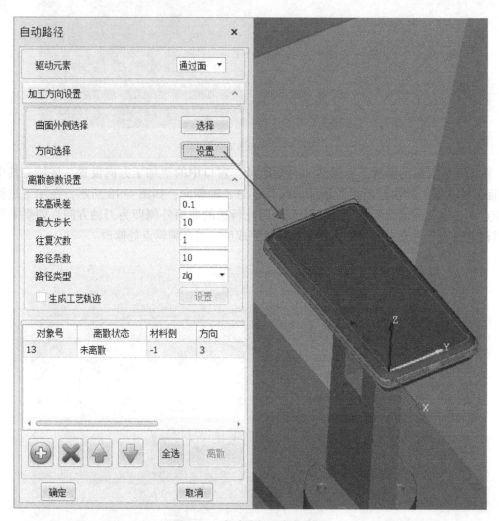

图 4-19　自动路径—方向选择

当设置对象较多时，选中其中任意对象，之后单击【全选】按钮，就能够对所选中的对象参数进行批量设置。由于工具的副刀轴方向与进给方向成 90°的夹角，因此在将加工方向选择的同时也确定出了路径点的副刀轴方向。

选择图 4-19 所示的方向，刀轴方向和进给方向设置完后，就能够确定出工件模型的加工轨迹，同时在消息框中显示所选方向参数值，之后就可以进行离线参数设置操作。

3）离散参数设置。对所生成的轨迹路进行离散时，需要进行设置的参数主要有如图 4-20 所示的弦高误差、最大步长、往复次数、路径条数、路径类型以及工艺轨迹六项。

① 弦高误差主要影响曲面上点的离散程度，弦高误差越小，曲面上离散程度也就越小，所生成的路径轨迹也越相似于曲面。但是弦高误差增加，不一定会增大离散程度，即这是输

图 4-20 离散参数设置

入的是一个上限值，而非参数值。图 4-21 中所示为弦高参数分别为 0.4 与 0.1 时的对比。

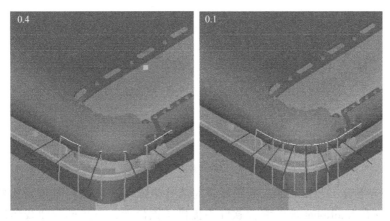

图 4-21 弦高误差分别为 0.4 与 0.1 时的对比

② 最大步长主要影响平面上点的离散程度，对曲面则无影响。与曲面的弦高参数设置相同，这里输入的是一个上限值而非参数。它用于设置在同一加工平面中，所有路径点之间能够允许的最大距离值。图 4-22 中所示的即为对于加工面，设置最大步长分别为 10 与 30 的路径对比。

图 4-22 最大步分别为 10 与 30 的对比

③ 往复次数主要用于设置单条轨迹路径中机器人工具加工时的往复次数，当工件精度要求较高时就应相应增加往复次数。

④ 路径条数限定了离散后路径的数目。当加工面的粗糙度要求较高，或是为精加工内容时，所进行加工的路径数目也应增多。如图 4-23 所示为路径条数分别为 10 与 19 的对比。

图 4-23　路径条数分别为 10 与 19 的对比

⑤ 路径类型分为两种，即为如图 4-24 所示的 zig 和 zigzag。其中 zig 是之字形的路径形状，zigzag 则是锯齿形的路径形状。路径类型不改变总的加工方向，但会改变遍历该加工面的方式。

图 4-24　zig 与 zigzag 路径对比

⑥ 当加工方案有工艺要求时，需要通过勾选【生成工艺轨迹】选项对机器人轨迹路径进行工艺设置。在 InteRobot 离线编程软件中提供了锯齿形、三角函数曲线形以及螺旋形三种工艺轨迹参数。选择工艺轨迹类型并将参数设置完成后就能生成相应类型的轨迹路径，如图 4-25 所示。

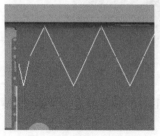　　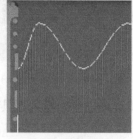　　

锯齿形　　　　　　　三角函数曲线形　　　　　　螺旋形

图 4-25　工艺轨迹参数

按照图 4-26 中所示的内容设置离散参数后,单击【离散】按钮,离线编程软件将生成相应的轨迹路径点。单击【确定】按钮完成自动路径添加操作,即完成自动路径编辑。

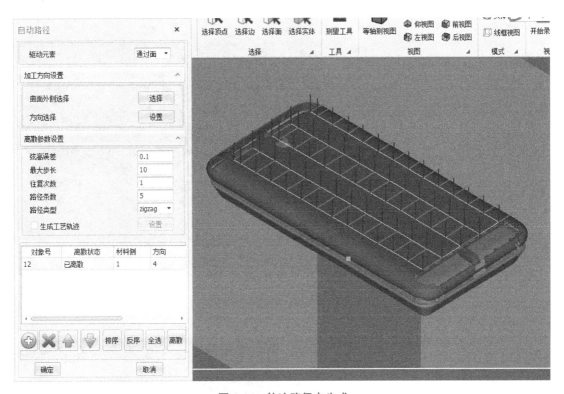

图 4-26　轨迹路径点生成

进行手机壳侧面的打磨加工时,选用"通过线"的驱动元素方法进行路径生成。工序创建以及路径添加操作背面打磨相同,只是在选择驱动元素时改选为"通过线",之后单击 ⊕ 按钮进入如图 4-27 所示的"选取线元素"窗口。

"元素产生方式"提供的三种产生方法中,选择"直接选取"的方法进行线元素生成。单击【选择面】按钮,在工件表面选择如图 4-27 所示的圆角为线元素选择基础面,被选中的圆角会高亮表现,并且会在窗口中显示选中面的对象号。

在基础面选择完成之后,单击【选择线】按钮,在工件模型中选择磨削加工路径,被选中的路径线会显示为图 4-28 所示的高亮状态,并在对话框中出现该路径线的参数信息。

按照相同的步骤重复进行选取线元素的操作,完成如图 4-29 所示的手机壳所有侧面边的加工路径线选取,之后单击【确认】按钮,退出"选取线元素"窗口。

在"自动路径"窗口中,单击所生成的元素参数信息,操作视图就会显示出对应的路径线。由于轨迹路径的运行顺序与线元素选项框中的顺序有关,所以用户可以通过单击图 4-30 中所示的 ⬆⬇ 图标调节路径对象,进而实现机器人仿真顺序的排列。

【排序】按钮是确保一个线段接着下面最近的一个线段,不会出现连接的线段跳过某一些线段。【反序】按钮的作用是将"1,2,3,4"变换成"4,3,2,1"的排序转变。

根据图 4-26 中所示的内容设置截取面内容，单击【产生】按钮，产生要截取的线元素

图 4-27 线元素选取界面

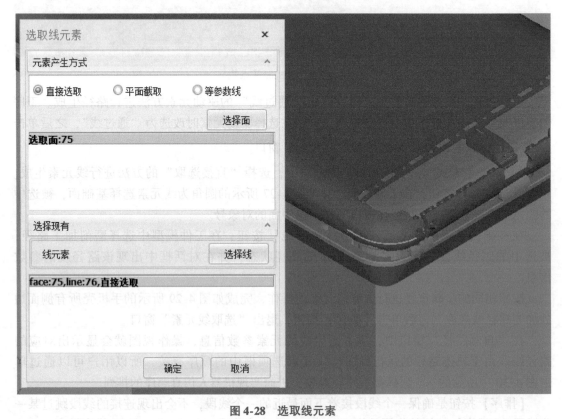

图 4-28 选取线元素

图4-29 选取手机壳侧面路径线

对象号	离散状态	材料侧	方向
104	已离散	1	1
79	已离散	1	-1
81	已离散	1	1
83	已离散	1	-1

对象号	离散状态	材料侧	方向
104	已离散	1	1
81	已离散	1	1
79	已离散	1	-1
83	已离散	1	-1

图4-30 路径排序

　　路径顺序调整完成后，就可以对离线参数以及加工方向进行设置。首先点选线元素对象框中任意参数，之后单击【全选】选项，选中全部路径对象。之后按照操作顺序依次设置为如图4-31所示的加工参数、加工方向、曲面外侧，最后单击【离散】按钮生成加工路径，完成手机壳侧面打磨路径的创建。

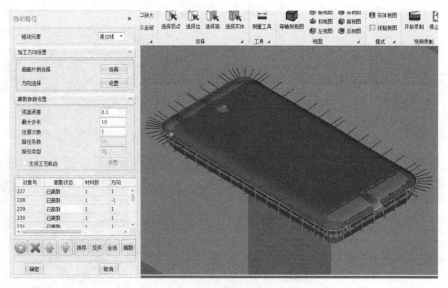

自动路径生成

图 4-31　手机壳侧面打磨路径

【任务拓展】

4.1.5　平面截取与等参数线

手机壳加工面的打磨轨迹路径，除了直接选取操作外，还能够通过平面截取以及等参数线的方式进行生成。

1. 平面截取

在"元素产生方式"中选择"平面截取"，切换到对应的操作界面。在窗口中单击【选择面】按钮，并选择图 4-32 中所示的 A 平面，之后窗口中就会出现被选中平面的对象号信息，同时激活"截平面"的参数操作选项。

单击"截平面"中的【选择点】按钮，在工件 A 表面中任意选取一点，例如图 4-33 中所示的点位。则软件将按照"法向"中的数值生成截平面 B，截面的方向为图 4-33 中的箭头所示。

由于所加工内容为手机壳侧面，因此所创建的界面应与手机壳四个侧面都垂直，即将法向方向修改为"0，0，1"。数值参数修改完成后按【回车】键，则截平面就会更新为图 4-34 所示的状态。

截平面是通过点位生成的，当对所生成的点位进行位置调整时，截平面的位置也会发生变化。将截面位置沿 Z 轴方向调整完成之后，单击【生成截线】按钮，界面将自动生成如图 4-35 所示的轨迹路径。

2. 等参数线

在"元素产生方式"中选择"等参数线"，切换到相应的工作窗口。在窗口中单击【选择面】按钮，选择图 4-36 所示的平面 A，之后在窗口中就会出现被选中平面的对象号信息，

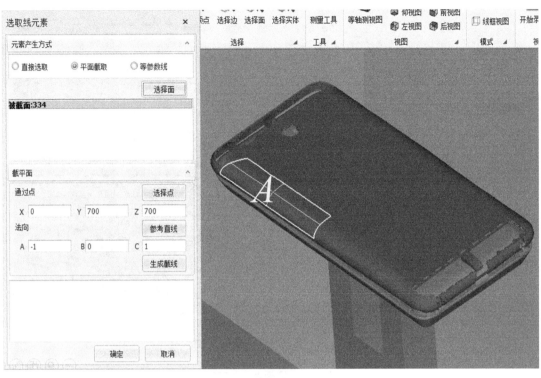

图 4-32 选择基础面

图 4-33 选择参考点

图 4-34　选择点法向方向

图 4-35　生成加工轨迹

同时激活"等参数线"区域。

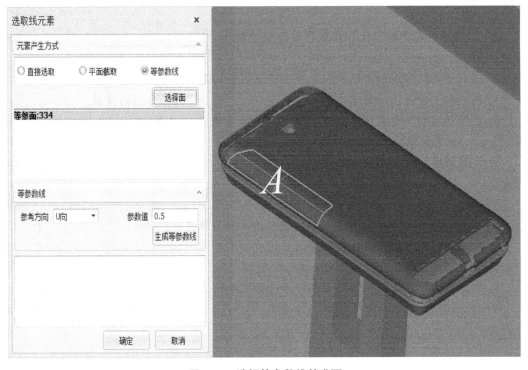

图 4-36 选择等参数线基准面

按照"等参数线"中的默认参数单击【生成等参数线】按钮后，软件就会沿所选取范围面的 U 向，按长度距离的 50% 进行位置偏移，生成如图 4-37 所示的轨迹路径。

图 4-37 生成等参数线路径

思考与练习

填空题

1. InteRobot 离线编程软件离线操作类型中包括＿＿＿＿、＿＿＿＿、＿＿＿＿三种方式。

2. 进行手动路径添加时的三种单击生成方式分别是＿＿＿＿、＿＿＿＿、＿＿＿＿。

3. 将刀位文件导入后还需要进行＿＿＿＿、＿＿＿＿两个方面的设置。

4. 在路径自动添加类型中，通过线进行路径生成时可以通过＿＿＿＿、＿＿＿＿以及＿＿＿＿方式实现。

5. 对轨迹路径进行离散参数设置时，分为＿＿＿＿、＿＿＿＿、＿＿＿＿、＿＿＿＿四个部分。

判断题

6. InteRobot 离线编程软件可以导入任意格式的刀位文件。　　　　　　（　　）

7. 副法矢方向即路径点的 Z 轴方向。　　　　　　　　　　　　　　（　　）

问答题

8. 工件轨迹路径的三种添加方式各自的特点是什么？在使用时对工件有什么要求？

9. 对于通过线生成轨迹路径的三种方式，它们的特点有什么不同，适用的场合分别是什么？

任务二　调整路径轨迹目标点

【任务描述】

使用离线操作方法所添加的轨迹路径点是按照用户所设定的参数直接进行创建的，因此会出现所创建的点位并不满足工艺要求甚至机器人不可达的情况，这时就要对路径点位进行调整。InteRobot 软件提供了单个点位与批量点位调整两种方式，以满足不同工艺环境的加工需求。通过学习本任务，可以掌握单个路径点与批量路径点的姿态调整方式，同时认识 InteRobot 软件中路径点的轴参数与运动参数的具体含义。

【任务实施】

4.2.1　调整工具姿态

在工作站导航树工序组节点下的"背面打磨"子节点上单击右键，选择"编辑操作"，打开对应"编辑操作"窗口。由于在任务一中已经完成了手机壳工件加工路径的自动生成操作，因此"编辑操作"窗口中"路径编辑"的【编辑点】按钮处于如图 4-38 所示的可用状态，单击该按钮，进入"编辑点"操作窗口。

调出"编辑点"窗口后，视图中就会显示出轨迹路径点，其中的总点数与通过软件自动添加生成的点数一致，如图 4-39 所示。

图 4-38 编辑点操作添加

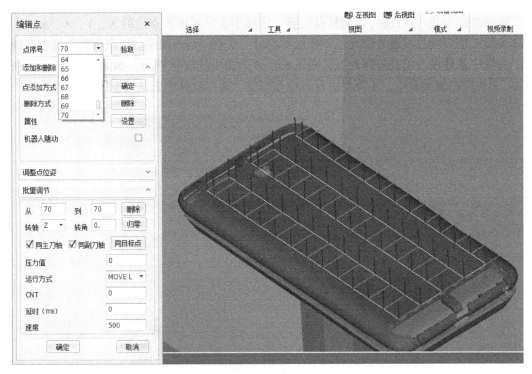

图 4-39 "编辑点"窗口

　　"编辑点"窗口中，可通过在"点序号"下拉选择框中选择点位序号，或通过单击【拾取】按钮直接在操作界面中进行路径点位选取。为了便于操作者进行区分，当点位被选中时，其坐标系就会显示为白色。在选中目标定位后，通过勾选"机器人随动"选项就可以预览到在该路径点位处机器人的姿态，如图 4-40 所示。再选择其他点时，机器人工具也会随之移动到对应的点位，通过软件的这一功能，用户可以进行机器人位置可达性、工具碰撞等相关内容的验证。

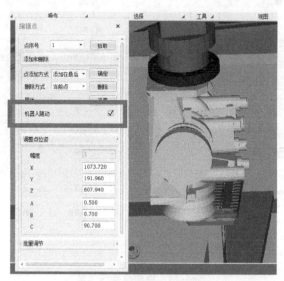

图 4-40　机器人随动显示

　　选择路径中某一点位后，"调整点位姿"区域中会显示出该点位的 X、Y、Z、A、B、C 位姿参数，用户就可以通过修改位姿参数实现对工件路径点的调整。用户调整位姿参数的同时，视图中的路径点以及机器人工具姿态也会做出相应的变化更新，如图 4-41 所示。在本次 3C 手机壳打磨实验中，不需要进行点位姿调整，选用软件中默认的设置参数即可。

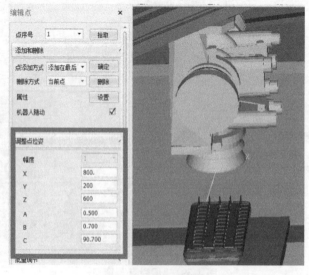

图 4-41　调整点位姿

4.2.2　批量修改目标点轨迹

对软件自动生成的路径进行预览时，机器人关节轴 J6 在拐角处时会随路径进行旋转，但这种转动在实际加工中是不会出现的。所以为了减少在打磨过程中机器人关节轴 J6 的转动次数，就要将各路径点的方向设置为同一朝向，这时就可以通过"调整点位姿"实现。但当需要进行调整的点位很多时，这种方法就变得烦琐并且容易产生错误。为了便于用户进行操作，所以软件就设置了可以批量进行调节路径点的操作方式——批量调节。

（1）批量点位的选取　批量点位选取时，在"批量调节"区域填写起始点以及终止点的点位序号，数值如图 4-42 所示，之后按【回车】键，则所选序号区间的路径点都会被选中并显示为白色，之后就可以对所选中路径点进行轴参数调整或点位删除操作。

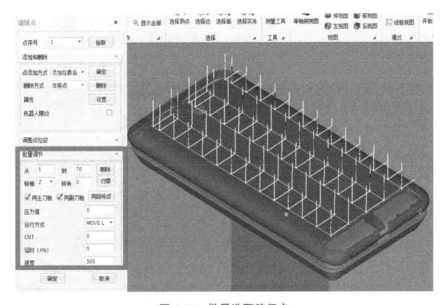

图 4-42　批量选取路径点

（2）轴参数设置　在进行轴参数设置时主要可以分为数值调整以及同目标调整两种方法。

1）数值调整。数值调整方法是在点位选取之后，通过选择旋转轴并设置偏转角度，实现路径点姿态的修改。图 4-43 所示的内容就是选择 Z 轴为旋转轴，进行 180°旋转的对比显示。【归零】选项的功能是将当前角度设置为参考角度，所以在将路径点进行旋转后单击该选项，图中"转角"数值将回归为 0°，但路径点的姿态不会发生变化。

这种点位姿调整方法能够很好适用在如本例中路径点较少同时较为简单的案例中，但当工件所生成的路径点较多并且方向也有着很大的差异时，这种方法就很难进行精确的调整，因此在软件中还设置了同目标点的位姿调整方法。

2）同目标点调整。选择所有路径点位后，勾选"同主刀轴"与"同副刀轴"两个选项，单击【同目标点】按钮激活点抓取功能，在路径点中选取一点作为参考点之后，单击【确定】按钮，所选中路径点的姿态都将与该点相统一。在本次任务中将 1 序号点设置为目标点，实现全部点位调整为图 4-44 所示的姿态。

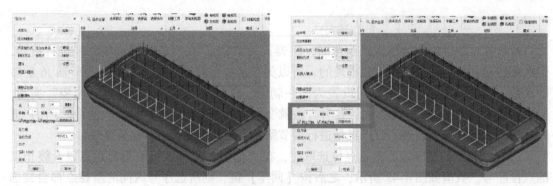

图4-43 Z轴旋转对比图

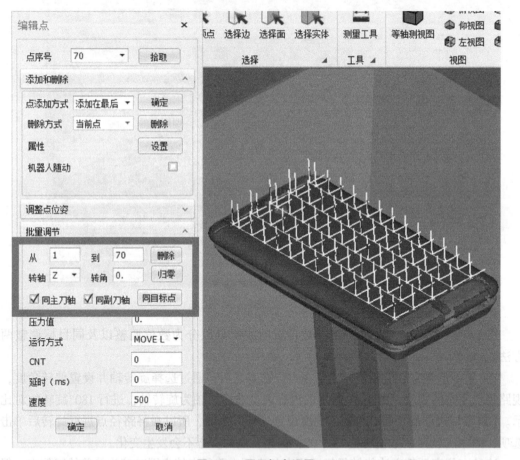

图4-44 同目标点设置

（3）运动参数设置 路径点运动参数设置内容主要包括压力值、运行方式、CNT、延时以及速度五个参数。

压力值就是设置加工过程中工具模型与工件模型的接触关系。当选项输入值为正值时，选中的路径点就会沿Z轴负方向进行移动，输入为负值则向正方向进行偏移，如图4-45所示。例如当进行涂装加工时，机器人的涂装工具应该与工件保持一定的距离，但是通过软件生成的加工轨迹存在于工件的表面，因此进行路径生成前要对轨迹点进行负压力值设置。

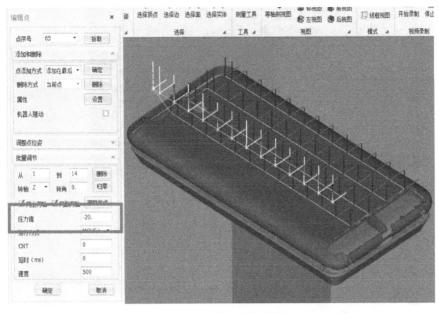

编辑点

图 4-45 负压力值操作

在运动方式选项中，软件提供了 MOVE L、MOVE J 两种常见的机器人运动指令，操作者可以实现对不同段轨迹路径加工方式的灵活选择。

CNT 是用于设置机器人加工过程中的平滑过渡，即设置工件模型的过渡圆角半径。当机器人模型系统为二型时，CNT 选项中输入的数值即为圆角半径。当机器人模型系统为三型时，工件的圆角半径值为两个相邻边中的短边值乘以 CNT 的百分比值，便于对工件不同结构进行倒角加工。

延时和速度是用于调整机器人在选中路径段加工时的参数设置，对于不同要求的加工表面可以通过设置不同的参数实现对应的要求。

在本次 3C 手机壳打磨工作中，对运动参数部分内容不需要进行设置，按照系统默认参数即可。单击【确定】按钮后退出"编辑点"窗口，完成轨迹目标点调整操作。

【任务拓展】

4.2.3 问题点位显示

在实际操作中，当轨迹路径添加完成之后，可以直接单击【生成路径】按钮，对所添加的路径进行检测。当所生成的路径中存在机器人不可达点时，软件就会报出"生成路径失败"的提示，同时将存在问题的路径用如图 4-46 所示的高亮线条表示。

按照操作进入"编辑点"窗口后，窗口视图中就会将存在问题的点位如图 4-47 所示的标明。拾取这些点位后，勾选"机器人随动"选项，软件也会报出"位置经计算不可达"的提示。

之后用户可以通过调整工具 TCP 参数或调整路径点的姿态进行修正。相关参数调整完成后，可重新勾选"机器人随动"选项进行检测，当位置可达时即点位修改正确。

图 4-46　轨迹失败路径线

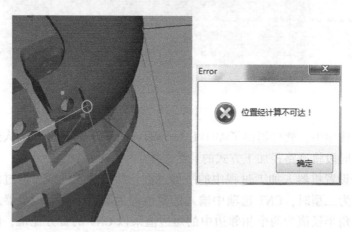

图 4-47　目标点位不可达

思考与练习

填空题

1. 通过勾选_____选项即可实现机器人在该点处运动姿态的预览。

2. 进行运动参数设置时，包括_____、_____、_____、_____以及_____五个参数。

3. _____选项的功能是将当前角度设置为参考角度。

判断题

4. 进行点姿态调整时只能够调整路径点的旋转角度。　　　　　　　　　　（　　）

5. 当压力值设置为正时，即表示工具与工件表面有间隙，在视图中表现为将路径点沿 Z 轴方向进行偏移。　　　　　　　　　　　　　　　　　　　　　　（　　）

6. 在 InteRobot 离线编程软件中可以选择 MOVE L、MOVE J 两种机器人运动指令。
　　　　　　　　　　　　　　　　　　　　　　　　　　　　　　　　（　　）

问答题

7. 编辑点操作中，正负压力值的设置分别用于哪些加工场合？

8. 在进行同目标点设置时，参考点应当如何进行选取？

任务三　离线编程轨迹的优化与仿真

【任务描述】

通过软件自动路径编程方式所添加的路径点全部是用于工件加工的点位，即机器人运动点位全部为加工点。但实际生产活动中，工业机器人在由初始点移动到加工点的运动轨迹中还会添加安全点、进退刀点等特殊点位，以避免在加工过程中发生碰撞的同时提高加工质量。通过学习本任务，可以掌握进退刀点、安全点、机器人初始状态点的添加方法；其次，掌握通过软件进行运动仿真以及碰撞检测的操作方法，同时了解仿真与路径生成之间的联系。

【知识准备】

4.3.1　仿真与路径生成的联系

离线编程软件进行点位离线示教操作时，软件就对该点处的关节角参数进行了记录，因此在示教完成后就可以直接进行运动仿真。但是在进行离线操作时，由于所生成的路径点中并不包含有关节角信息，因此需要进行机器人运动路径生成操作，使机器人对每个路径点进行检验。在确定机器人全部点能够实现可达后，记录相应机器人各关节角的角度信息。

那生成路径之后，是不是就可以直接仿真了呢？答案是否定的。如图4-48所示，离线操作通过自动路径添加了100个点，但这些点之间是没有其他点的，也就是说，这条路径还是一条离散的路径。

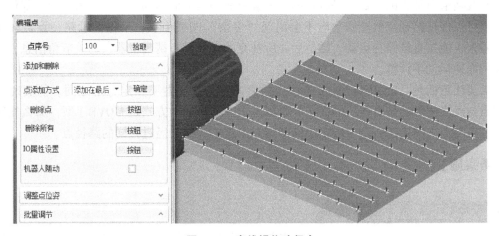

图4-48　离线操作路径点

运动仿真的时候，所看到的机器人运动并不是从一个路径点跳到下一个路径点，而是连续地沿着轨迹前进。如图4-49所示，在仿真的时候，机器人也会走在没有路径点的连线上，这就涉及生成路径与仿真的最主要差别了——插值。

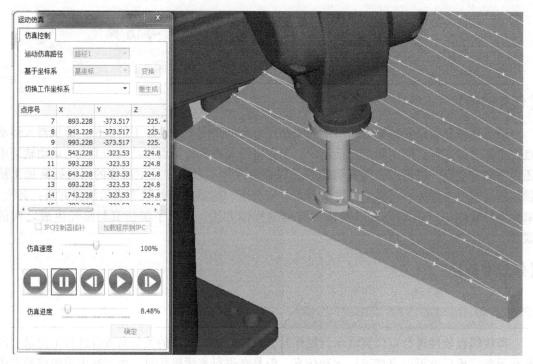

图 4-49　运动仿真中的路径点

　　插值是一种连续的逼近方法。我们在添加路径时，都会默认这是一条连续的路径，而不只是几个零星的点，但真正连续的路径机器人是没办法按照现有方式走出来的。InteRobot 软件中采用直线插值的方式，默认两点之间的路径是一条直线，而非曲线，因此才会出现图 4-49 所示的一幕。

　　直线插值所补充的点数也是有限的，随着距离的增大而增加，随着距离减少而降低。因此，既可以保证路径点数较密集时不会出现"多余"的插值点，又保证了路径点数较稀疏时机器人也能按直线路径运动。插值后，所补充的点并没有携带机器人的关节角信息，因此需要依靠逆运动学计算。

　　需要注意的是，InteRobot 采用的直线插值方式与控制器不一定完全相同。仿真时机器人在点与点之间走的是直线，而在实际机器人上，如果运动方式是 MOVE J 型，那么实际机器人在点与点之间走的将是一段小小的圆弧。但这两者都会经过相同的路径点。

【任务实施】

4.3.2　设置进退刀点位

　　为了避免机器人在到达加工路径起点前发生与工件或周边模型碰撞，需要进行添加进退刀点的设置。

　　在"路径编辑"窗口中单击【进退刀】选项，进入如图 4-50 所示的"进退刀设置"窗口。软件设置时默认将进刀点和退刀点位姿添加在路径的初始点和结束点前后，并且默认向 Z 方向偏移为两个点位的距离。因此用户只需要在点位类型选择后设置相关偏移量，便能够实现插入两个特殊点位的操作。

本次手机壳打磨任务中，"进刀点"偏移量设置为"20"mm，单击【添加】按钮，实现进刀点的添加，退刀点与进刀点添加的操作相同。两种点位设置完成后，单击【确定】按钮，完成进退刀点位的添加操作。所生成的进退刀点位如图4-51所示。

图4-50　进退刀设置

为了避免在实际加工过程中发生碰撞，所以在进退刀点的上方还应创建一个远离工件的安全点位，这时就要用到"编辑点"功能。

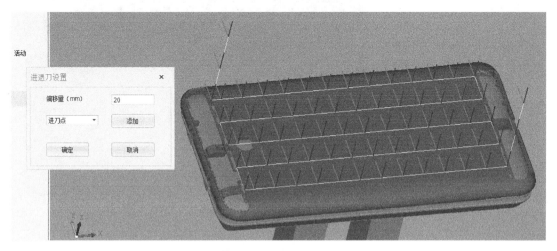

图4-51　进退刀设置示例

在"编辑操作"窗口中单击【编辑点】按钮，在"编辑点"窗口的点序号下拉选择框中选择"1"号点位，并勾选"机器人随动"选项。由于进退刀点位添加的设置，1号点位成为了进刀点，所以机器人将移动到图4-52所示状态。

单击"基本操作"菜单栏中的"机器人"功能，打开"机器人属性"窗口，修改工具坐标系中X、Y、Z的数值并按【回车】键后，视图中的机器人便运动到相应位置。当调整机器人移动到如图4-53所示的安全位置时，在"点添加方式"中分别选取"前面加入"以及"添加在最后"并单击【确定】按钮，便能够将该位置点分别添加在如图4-54所示的进刀点之前以及退刀点之后，视图中也会显示出相应轨迹路径线。

为了使机器人仿真运动更加合理，还要在机器人初始位置处增加相应点位，使加工轨迹路径的起始点由机器人初始状态开始，并将结束位姿同样设置为初始状态。在"机器人属性"中单击【初始位置】按钮，并调节机器人关节轴J5（05）参数至合理姿态，通过添加点操作后显示出如图4-55所示的轨迹路径。

在完成轨迹路径点编辑后就可以进行路径生成了。将单个独立的路径点位通过插值方法生成为完整的加工轨迹。单击"后置处理"下拉选项中的"生成路径"，当路径正确时就会弹出如图4-56所示的对话框，但有时也会出现路径生成失败的情况，这时就要对路径点进行重新编辑，或调整机器人工具的TCP参数，实现路径的修改。

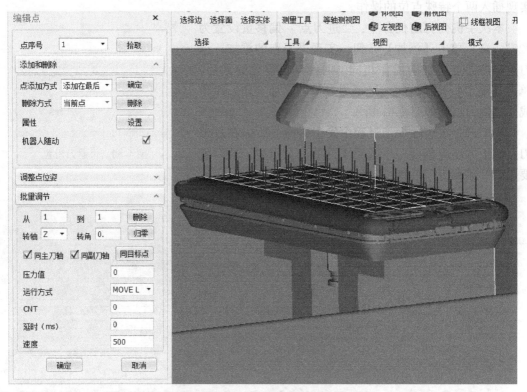

图 4-52 勾选机器人随动选项

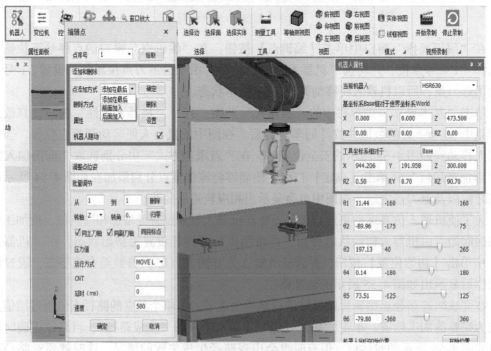

图 4-53 添加点操作

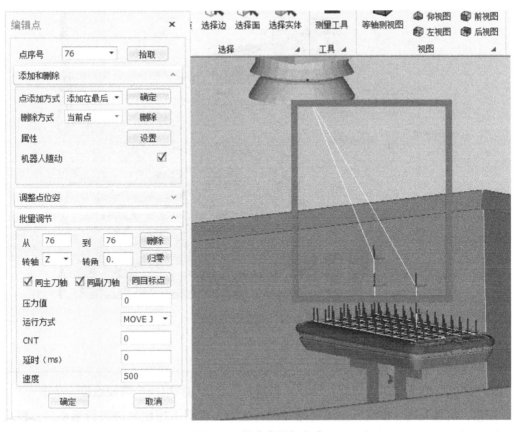

图 4-54　安全点添加完成

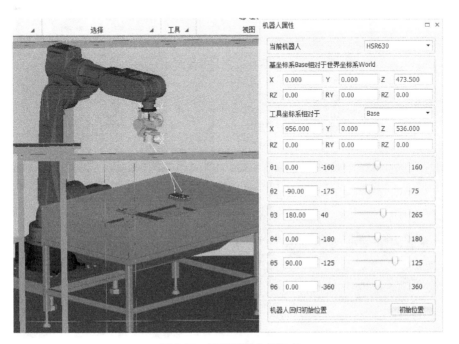

图 4-55　设置机器人初识点

图 4-56　实现路径生成

4.3.3　进行加工路径仿真

路径生成后单击【运动仿真】选项，机器人就会运动到第一个路径点位，单击 ▶（播放）按钮，机器人就会按照所生成的路径进行运动。机器人按照轨迹进行运动时，窗口也会按图 4-57 所示的方式将路径点位信息以及仿真的进度进行显示。同时，用户可以通过调

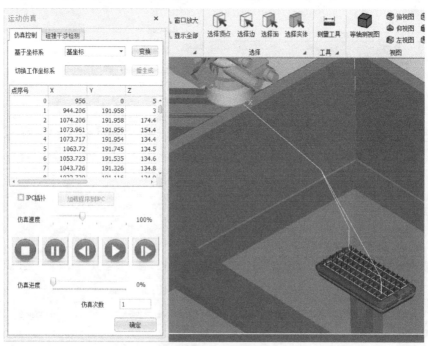

图 4-57　加工轨迹仿真

整"仿真速度"的数据条对机器人的仿真速度进行调整，并通过修改"仿真次数"的数值控制仿真动画的播放次数。此外，用户还可以通过单击路径点观察机器人在该点的位姿是否合理，使用动画仿真完成机器人运动检查之后，单击【确定】按钮结束机器人加工路径的仿真模拟。

默认情况下机器人的运动仿真是基于基坐标系进行运动的，但当创建工件坐标系后，运动仿真也可以基于所创建的坐标系进行运动。例如创建如图 4-58 所示的"工件坐标系 1"与"工件坐标系 2"。

图 4-58　工件坐标系

在"基于坐标系"中选中"工件坐标系 1"并单击【变换】按钮，则"基于坐标系"与"切换工作坐标系"选项中将变为"工件坐标系 1"的选项，如图 4-59 所示。重新单击▶（播放）按钮，仿真运动虽然没有发生变化，但是各个路径点的位置信息将更新为以

图 4-59　修改坐标系

"工件坐标系 1"为坐标系下的参数值。

　　此时工作坐标系已经从基坐标系，变成了工件坐标系 1，这为切换工作坐标系做好了准备工作。此时切换工作坐标系的下拉框被激活，【重生成】按钮也处于可用状态。按图 4-60 所示参数切换工作坐标系后，单击【重生成】按钮，此时，运动路径发生了平移。

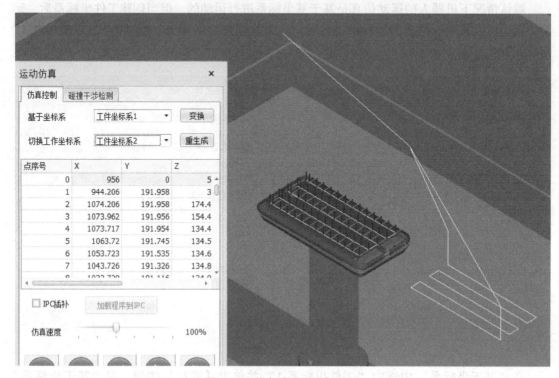

图 4-60　单击【重生成】按钮

　　重生成前后的差异在于工件坐标系 1 和 2 之间的变换关系，由于 1 和 2 之间只是差了一个平移距离，因此重生成后，路径只是发生了平移。同样的，如果所切换的工作坐标系之间相差一定角度，那么重生成后仿真路径也将旋转一定角度。这样便通过所添加的工件坐标系，实现了对路径的平移和旋转变换。重生成后，已经发生改变的路径将恢复成基于机器人基坐标系的表示，工作坐标系也将恢复成默认的基坐标系，等待着下一次的路径变换，如图 4-61 所示。

　　若想要将路径变换回去，则只需要先将工作坐标系改为工件坐标系 2，如图 4-62，再通过重生成切换为工件坐标系 1，之后自动恢复为基坐标，这样便恢复到最开始的路径。

图 4-61　重生成后的工作坐标系

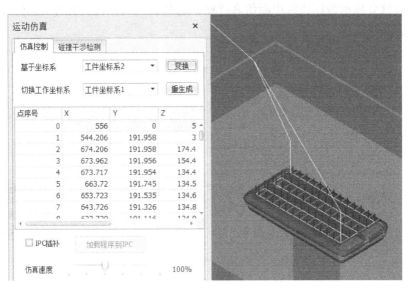

图 4-62 重生成恢复原状

在进行仿真模拟时，软件还提供了碰撞干涉检测功能，用于检测机器人进行轨迹路径加工时是否会与周边模型产生碰撞。

进程碰撞检测时，单击"碰撞干涉检测"，进入如图 4-63 所示的窗口。在窗口中将加工场景需要进行碰撞干涉检测的模型进行勾选，之后勾选"碰撞检测"选项，完成碰撞干涉检测功能的设置。

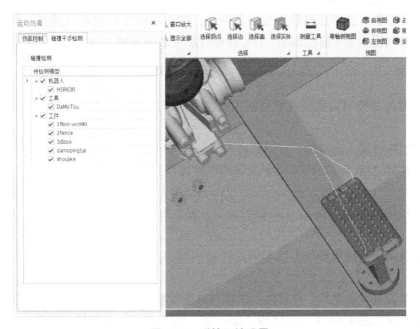

图 4-63 碰撞干涉设置

功能设置完成之后，返回"仿真控制"窗口，这时就会出现"检测无碰撞"的提示内容，当仿真过程没有发生碰撞时图案保持为图 4-64 所示。当检测到待测工件之间发生碰撞干涉时，图案就会显示为红色并中断仿真过程，这时用户就要对生成路径进行查看，修改发生碰撞的轨迹路径点。

点位添加与运动仿真

图 4-64　碰撞干涉检测

【任务拓展】

4.3.4　机器人控制器

机器人控制器功能即通过软件控制器模块，进行实际设备与虚拟模型间数据的实时交互。机器人控制器模块中有控制器、IPC 插补以及"数据采集"三大功能。

1. 控制器

软件控制器功能可以实现在软件端实时监控机器人运行状态以及直接控制机器人进行运动。

软件与实际机器人连接时，可以通过网线与无线网络两种方式。当使用网线将机器人与计算机进行连接之后，设置计算机中无线网络连接状态为禁用，之后打开计算机"本地连接 属性"中的"Internet 协议版 4（TCP/IPV4）属性"对话框，将 IP 地址中的前 3 项更改为与机器人相同的参数，最后一项设置为 0 ~ 255 中任意数，例如图 4-65 中所示的 219 数值。

使用无线网络连接的操作方法与网线连接相同，只是将操作对象更改为无线网络连接属性。

网络参数设置完成之后，在软件中创建与待控制机器人相同型号的仿真模型，并打开控制器对话框，例如图 4-66 中所创建的"HSR605"型号机器人及其控制器窗口。

单击【扫描设备】按钮，可得到如图 4-67 中所示的信息反馈，之后单击【连接设备】按钮，当连接状态变为"√"即表示连接成功，同时下方信息框中也会显示"设备连接成功"提示语。

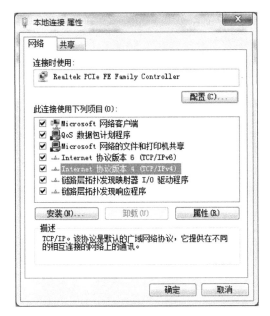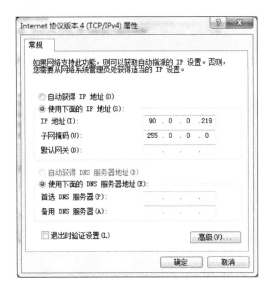

图 4-65　IP 地址设置

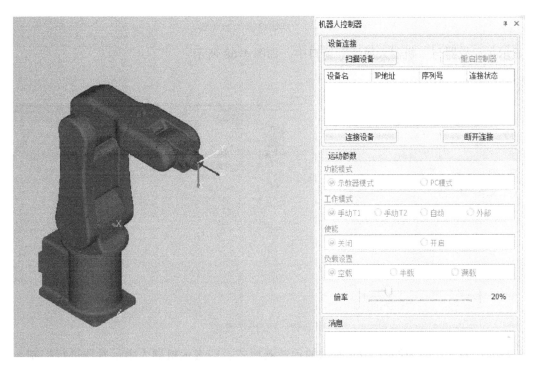

图 4-66　机器人控制器

连接设备成功后所激活的"运动参数"区域中，包括示教器与 PC 两种功能操作模式。PC 操作模式即直接通过电脑实现对机器人的控制，操作内容中的工作模式、使能、负载设置以及倍率功能，其与示教器相同。同时，用户也可以通过修改"机器人属性"窗口的笛卡儿坐标或关节轴参数，来改变视图窗口以及实际机器人的姿态，所更改后的数据信息会同

图 4-67 连接机器人控制器

步显示在示教器与"机器人属性"窗口中，如图 4-68 所示。

图 4-68 PC 操作模式

将操作模式切换为如图 4-69 所示的示教器模式，即表示机器人由示教器进行控制，软件只能够通过仿真功能实时反应机器人的运动姿态。单击【断开连接】，计算机端和进程间通信的信息将会断开连接；【重启控制器】按钮则在功能模式为 PC 模式下才可进行操作。

2. IPC 插补功能

IPC 插补是用于将软件中生成的加工轨迹路径，通过网线传递到示教器中进行加工的操

图 4-69　断开连接

作。例如在建立如图 4-70 所示工作站环境并生成轨迹路径后，激活机器人控制器，与所控制的设备进行连接。打开"运动仿真"功能，在窗口中勾选"IPC 插补"选项，之后单击所激活的【加载程序到 IPC】按钮，加载完成后就可以在示教器中查看到相应的程序代码，同时在消息栏中也会显示加载程序成功提示。

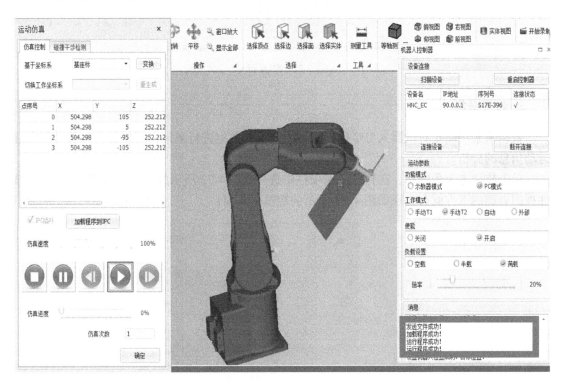

图 4-70　IPC 插补功能

单击 ▶（播放）按钮，实际机器人就会按照所设定轨迹进行运动，同时软件界面也会实时进行仿真显示。运动过程中的消息栏会将机器人在各生成点位的状态参数进行反馈，如图 4-71 所示。

运行完成后，单击运动仿真中的暂停按钮，之后单击"机器人控制器"中的【断开连接】按钮，完成机器人 IPC 插补操作。

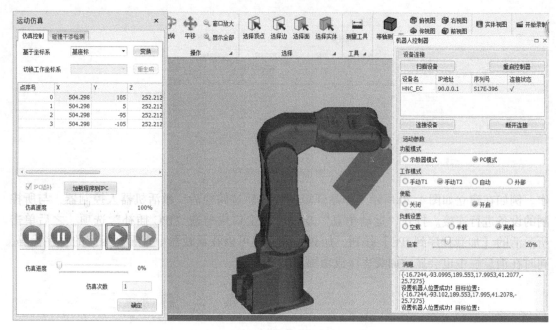

图4-71　仿真运动

3. 数据采集

数据采集功能是对机器人 IPC 插补过程中产生的数据进行采集，帮助操作人员进行实际运动信息的分析。

单击软件左上角图标，在打开的选项栏中选择如图 4-72 所示的"复位导航面板"，在软件视图界面的下方就会出现如图 4-73 所示的数据采集窗口。

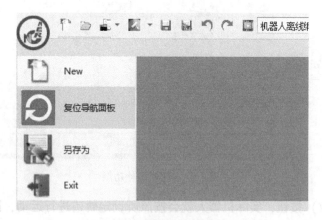

图4-72　打开数据采集面板

当连接状态下的机器人进行运动时，软件就会采集运动数据，并显示出来，如图 4-74 所示。

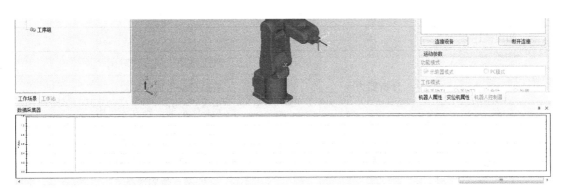

图 4-73　数据采集

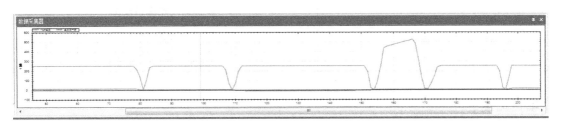

图 4-74　机器人加工数据采集

思考与练习

填空题

1. 机器人特殊点位主要有_____、_____、_____三种。

2. InteRobot 离线编程软件点位添加方式分为_____、_____、_____。

3. 生成路径与仿真最主要的差别在于_____。

判断题

4. 进退刀点位添加时，系统默认偏移一个点位的距离。（　　）

5. InteRobot 软件中采用曲线插值的方式，默认两点之间的路径是一条直线，而非曲线。（　　）

6. 在添加进退刀点位时需要通过机器人控制功能实现。（　　）

问答题

7. 在实际生产加工时，安全定位设置要注意哪些内容？

8. 在进行碰撞干涉检测时，是否需要将所有模型进行选取？

【项目总结】

项目名称	
项目内容	

（续）

知识概述		
	分析能力	轨迹路径生成方法对比
		路径自动生成方法对比
		线元素生成的三种方法对比
自我评价	规划能力	轨迹路径创建方法选择
		轨迹路径自动添加方式选择
		安全点位姿选择
	应用技能	轨迹路径生成操作
		轨迹路线点编辑操作
		机器人仿真运动操作
		碰撞干涉检测设置

【项目拓展】

音箱表面磨削抛光方案

本项目为音箱表面磨削抛光，需要完成工件 6 个外表面的打磨，包括四个侧面与两个端面，四周包含四个倒角，侧面包含大小不一的孔和槽，如图 4-75 所示。请读者选用六轴工业机器人进行加工，并完成方案填写。

1. 分析音箱表面的加工特性，确定所需的机器人型号以及装夹方式，构建出如图 4-76 所示的机器人工作站仿真模型。

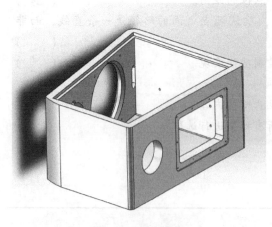

图 4-75　音箱表面

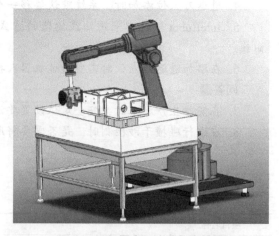

图 4-76　机器人工作站仿真模型

2. 将所构建的打磨工作站及其加工程序在实际中进行试验加工，并对磨削试验加工进行记录，填写完成表 4-1。

表 4-1 磨削试验加工记录

客户信息	客户单位	
	试验内容	
	客户模型编号	
	零件材料	
机器人加工参数	试验机器人型号	
	装夹定位	
	加工程序编号	
	砂纸型号	
	砂纸宽度	
	加工时间	
	照片或视频编号	
试验加工情况		
问题与分析		
后续改进措施		
程序编制		加工操作	

3. 机器人工作站相关内容完成之后,将所用到的设备模型进行统计整理,完成表4-2~表4-4相关内容的填写。

表 4-2 机器人性能参数表

	型 号	
	动作类型	
	控制轴	
	放置方式	
最大动作范围	J1	
	J2	
	J3	
	J4	
	J5	
	J6	
最大运动速度	J1	
	J2	
	J3	
	J4	
	J5	
	J6	

（续）

型　　号	
最大运动半径	
手腕部最大负载	
重复定位精度	
本体重量	

表 4-3　机器人控制系统参数表

控制器	
控制轴数	
最小分辨率	
驱动方式	
控制方式	
坐标系	
操作方式	
示教器	
IO 接口	
兼容通信协议	

表 4-4　主要配置和配套件清单

序号	名称	型号	数量（台/套）	制造厂（商）
1				
2				
3				
4				
5				
6				
7				
8				

项目五

轨迹代码后置处理

【项目目标】

◇ 知识目标

1. 掌握轨迹校准法的流程。
2. 掌握离线编程应用至实际加工的一般实施步骤。
3. 掌握离线编程误差来源，以及各种误差的解决办法。
4. 了解手拿工件生成磨削轨迹的基本原理。
5. 了解机器人 config 参数。

◇ 能力目标

1. 掌握手拿工件下磨削路径的生成方法。
2. 掌握磨削点的设置方法。
3. 掌握完备机器人控制程序的方法。
4. 掌握离线编程软件输出控制程序的方法。
5. 掌握校准离线轨迹运动程序的方法。
6. 了解线磨削的设置方法。

【知识结构】

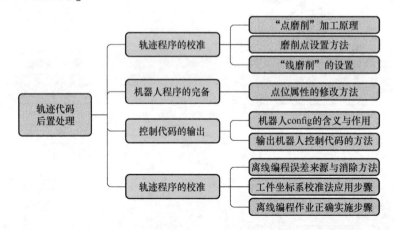

任务一　机器人程序的完备

【任务描述】

在实际应用中，完整的机器人程序不仅包括了运动指令，还包括如条件指令、流程指令、程序控制指令、延时指令、循环指令、IO 指令、变量指令等辅助指令。在 InteRobot 软件中，用户能够快速的生成包含机器人加工轨迹运动指令的控制程序，但为了使该控制程序能够应用在实际作业中，用户还需要为其增加其余的辅助程序指令。本任务以打磨路径的生成为例，介绍"手拿工件"加工模式下的离线操作以及点位属性的修改方法。通过学习本任务，首先可以掌握 InteRobot 软件中"手拿工件"操作模式下的离线轨迹生成方法；其次，掌握 InteRobot 软件中点位属性的修改方法以及其主要应用。

【知识准备】

传统抛光打磨作业的现场粉尘环境极度恶劣，不但影响人体健康，同时生产过程中产生的粉尘会对大气、水源等环境造成严重污染。在打磨作业时利用机器人对工件进行抛光打磨能够避免以上危害，同时这种作业方式能够确保产品加工后的一致性和精确性，避免出现传统工艺中由于人工抛光不精确、不匀称等原因造成的产品浪费。因此，机器人抛光打磨作业是工业机器人以及离线编程软件的典型应用之一。

针对不同的工件，机器人打磨方式往往分为其手臂末端装夹打磨工具进行打磨，以及其手臂末端装夹工件进行打磨两种方式。在 InteRobot 软件中，用户可以实现机器人手臂末端装夹打磨工具对工件进行打磨加工的加工方式，简而言之即利用"手拿工具"加工模式下的离线操作对工件模型生成加工轨迹；也可以实现机器人手臂末端装夹工件并对其进行打磨加工即利用"手拿工件"加工模式下的离线操作对工件进行打磨。本节主要介绍"手拿工件"下离线轨迹的生成方法，以及其中磨削点的设置方法。

5.1.1　手拿工件加工模式

（1）"手拿工件"加工模式创建　当用户在创建离线操作选择"手拿工件"加工模式时，工具将更名为"夹具"（如图 5-1 所示），此时加工路径将由磨削点与工件表面磨削轨迹共同作用生成。

用户在完成夹具与工件的选择后，单击【确定】按钮，工件将被自动地装夹至夹具上。为使工件能被正确地装夹在夹具上，用户使用的工件模型其建模坐标必须置于工件装夹位置处。这是由于装夹过程中，夹具的 TCP 将会与工件的建模坐标系重合，因此当建模坐标系不在正确位置上时，工件将无法正确装夹。

（2）磨削点位设置　用户完成"手拿工件"操作的创建后，离线操作的"编辑操作"窗口中的磨削点"设置"按钮将呈现可用状态，如图 5-2 所示。用户对工件表面添加路径并离散后，还需对磨削点进行设置，以保证软件能够正确地生成机器人末端 TCP 的移动路径。

用户在"手拿工件"加工模式下通过设置磨削点来生成机器人加工路径的方式与"手拿工具"加工模式下运动路径的生成方式有所区别。

如图 5-3 所示，在忽略视图上对于"工件"与"打磨设备"的差异时，可将工件表面磨削轨迹生成的离散点位看作不同的"工具 TCP 点"，让这些不同的"工具 TCP 点"运动至所设置的磨削点，从而得到磨削工件上该轨迹时机器人原工具坐标系原点的运动路径，也即机器人在磨削时真正的运动路径。因此磨削点位姿的设置对于机器人进行正确的磨削加工十分重要。

用户单击"编辑操作"窗口中的磨削点"设置"按钮，将弹出"磨削设置"窗口。如图 5-4 所示，在"磨削设置"窗口，用户可以直接输入磨削点的准确位置和姿态，也可以通过【选磨削点】按钮，在非 stl 格式的模型上选择特征点作为磨削点，此时程序会自动获取点的位置和姿态，并显示在窗体中。由于在磨削时，工件磨削轨迹离散生成的各个点位，将会依次运动至磨削点，因此在磨削点的姿态调整时，需要综合考虑工件的位姿以及机器人的可达性。

图 5-1 手拿工件加工模式

图 5-2 设置磨削点

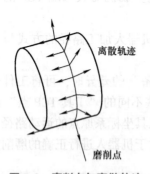

图 5-3 磨削点与离散轨迹

图 5-4 磨削设置

磨削点定义完成后,【预览】按钮将变成可用状态,单击【预览】按钮,使磨削点的坐标系保持在视图中。若需要修改磨削点,可以打开"磨削设置"窗口,对其进行修改。

当用户完成磨削点设置后,加工轨迹生成路径的方式将发生更改。由于工件上每一个路径点都需要经过磨削点,因此,路径(机器人 TCP 运动轨迹)的生成方式将和"手拿工具"加工模式下路径的生成方式有所区别,在生成路径求解路径点的逆运动学解之前,需要将原路径进行变换,即依据所设置的磨削点(外部 TCP)进行变换。完成变换后,再进行求解,最终得到"手拿工件"加工模式下,包含机器人实轴和虚轴信息的新运动路径。

【任务实施】

5.1.2　方锅打磨路径生成

(1) 工作站搭建

1) 机器人导入。首先从机器人库导入机器人,亦可根据实际需求新建机器人导入,本项目选择 HSR612 型机器人。

2) 工具新建与导入。单击导入的机器人节点,"工具库"功能被激活,单击"工具库",进行工具的新建。新建工具名称为 panTool,导入其模型为 pan_tool.stl,导入完成后设置其 TCP 为 {0, 0, 150, 0, 0, 0},如图 5-5 所示。新建完成后,将其导入并安装至 HSR612 型机器人。

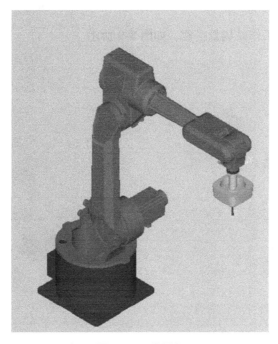

图 5-5　工具导入

3) 工件及周边模型导入。工作环境搭建切换至工作场景,单击工件组节点,"导入模型"功能激活;亦可右键单击工件组节点,选择"导入模型";将方锅模型 pan.igs,以及抛光机模 polisher.igs 导入,调整两者姿态使其与机器人不重合,模型导入完成场景如图 5-6 所示。

4) 工件标定。周边模型导入完成后,为了保证打磨作业的准确性,还需要对抛光机模型 polisher.igs 进行标定。新建 txt 文档,将其命名为 calibration,标定点位信息为 {1324.692, -135.727, -92.000, 1024.693, -135.182, -92, 1024.094, -465.181,

－92｝，如图5-7所示。其特征点在工件上的分布如图5-8所示。

图5-6　模型导入完成

图5-7　标定数值

标定完成后，完成工作站场景搭建，如图5-9所示。

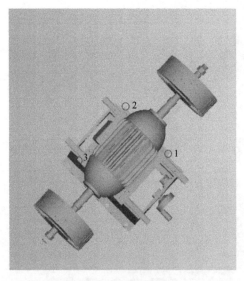

图5-8　标定特征点

图5-9　场景搭建完成示意图

（2）路径生成

1）创建操作。本项目创建的操作为离线操作，应用的加工模式为"手拿工件"。右键单击工序组节点，选择"创建操作"；进入"创建操作"窗口后，选择"操作类型"为"离线操作"，"加工模式"为"手拿工件"，"工具"选择为"panTool"，"工件"选择为"pan"，"操作名称"设置为"打磨"，如图5-10所示；"工件"选择处默认工件为首先被导入的工件，因此用户需注意选择本次需要被加工的工件，以免影响后面的操作。

设置手拿工件方式后，软件自动把所选工件装夹在夹具上，如图5-11所示。

图 5-10　创建"打磨"

图 5-11　"手拿工件"加工模式下工件自动装夹

2）路径添加。右键单击操作子节点，选择"路径添加"。

① 弹出"路径添加"窗口后，选择"自动路径"，单击【添加】按钮，进入"自动路径"窗口。

② 选择驱动元素为"通过线"，单击【添加】按钮，进入"选取线元素"窗口。在"选取线元素"窗口中，选取元素产生方式为"平面截取"，选择方锅四个侧面为被截面（如图 5-12 所示），设置合适的截平面（如图 5-13 所示），生成方锅表面的完整截线（如图 5-14 所示）。

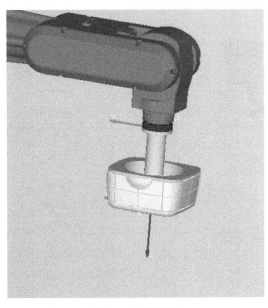

图 5-12　被截面

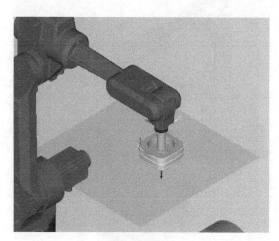

图 5-13　截平面

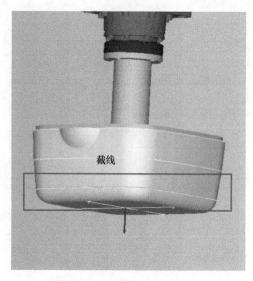

图 5-14　截线

③ 选择线完成后，单击【确定】按钮，进入路径参数编辑的窗口。

④ 单击任意对象号，然后单击【全选】按钮，使全部对象被选中，然后对曲面外侧与方向进行设置；设置完毕后，再次全选对象，对其进行离散，生成路径点。

⑤ 离散完成后，单击【确定】按钮，完成路径的添加，路径添加完成后如图 5-15 所示（加工方向与本项目不同，则路径点离散后各点位姿态也不同）。

右键单击操作子节点，选择"编辑操作"，进入"编辑操作"窗口。

本项目的加工方式为"手持工件"加工，因此需要进行磨削点的设置，单击磨削点后的【设置】按钮，进入"磨削设置"窗口，如图 5-16 所示。

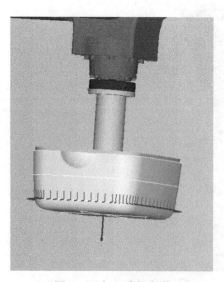

图 5-15　加工路径生成

图 5-16　进入磨削点设置菜单

选择磨削方式为"点磨削",单击【选磨削点】按钮,在抛光机 polisher 上选取磨削点位,如图 5-17 所示。

在磨削加工时,机器人将工件移动至磨削点,使得工件上离散后的磨削轨迹各点位依次运动至用户设置的磨削点位姿态,从而对工件上的磨削轨迹在该磨削点进行磨削加工。因此,用户在设置磨削点姿态时,需要考虑生成的工件表面的加工轨迹。

在本项目中,如图 5-18 所示,方锅表面离散后的加工轨迹各点的主刀轴（Z 轴）指向工件侧面外法线方向,副刀轴（X 轴）与方锅底面外法线方向相反,为了保证机器人以图 5-18 所示中合适的加工姿态进行磨削加工,设置其磨削点位姿态如图 5-18 所示。

图 5-17 选取磨削点位

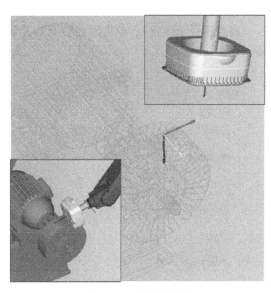

图 5-18 磨削点位姿

设置完成后的磨削点位姿信息如图 5-19 所示。

磨削点位姿设置完成后,单击【生成路径】按钮,完成机器人末端 TCP 运动路径的生成,如图 5-20 所示。

请自行对其路径进行仿真,观察工件、磨削点、TCP 运动路径三者的关系。

图 5-19 磨削点位姿信息

图 5-20 运动路径生成

5.1.3 点位属性的修改

机器人运动路径生成后，往往还需要对路径中某些点位增加一些机器人控制指令。如，在进行涂装时，往往需要对某些点位增加 IO 指令，以保证涂装作业的正确实现。本节需要对 5.1.2 节中所生成的路径，增加循环指令，使得磨削加工在实际使用时进行 4 次磨削作业。

1）在工作站根节点下，选择工序组节点中的"打磨"子节点，单击右键选择进入"编辑操作"窗口。在"路径编辑"中单击【编辑点】按钮，进入"编辑点"窗口，如图 5-21 所示。

将点序号选择为 1，单击属性后面的【设置】按钮，进入"属性设置"窗口，如图 5-22 所示。

图 5-21 "编辑点"窗口

图 5-22 进入"属性设置"窗口

进入"属性设置"窗口后，勾选"点之前"选项，该选项其下输入框变为可输入状态，如图 5-23 所示，在其中输入如下机器人代码，单击【确定】按钮完成添加。

$IR[1] = 1$

$WHILE\ IR[1] < 5$

$IR[1] = IR[1] + 1$

2）将点位序号修改为路径终点的序号（本项目中为 78），单击设置，勾选"点之后"选项，如图 5-24 所示，在其下输入框中输入如下机器人代码。

END WHILE

图 5-23　路径起始点位属性设置　　　　图 5-24　路径末端点位属性修改

【知识拓展】

5.1.4 线磨削

InteRobot 软件除了支持用户进行点磨削，还支持线磨削的磨削方式。当用户利用"点磨削"对工件进行加工时，磨削的轨迹即工件上的加工路径；而当用户利用"线磨削"对工件进行加工时，便会对工件上某表面进行磨削加工，如图 5-25 所示。

在"磨削设置"窗口，勾选"线磨削"，便可对线磨削所必需的参数进行设置，如图 5-26 所示。

其中线磨削起点、线磨削方向、基准磨削线长三项确定了磨削线的长度与位姿，拓展磨削线是砂轮宽倍数决定了机器人沿磨削线的往复次数，如：完成将工件运动至磨削线末端并从末端返回至磨削线起点这一过程，应将该项参数设置为"2"。

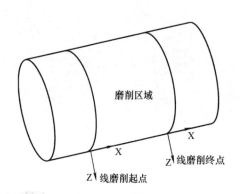

图 5-25　线磨削区域

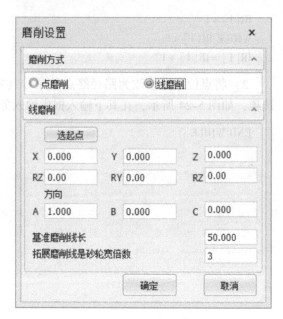

图 5-26　线磨削设置

思考与练习

填空题

1. 常见打磨方式分为_____和_____。

2. 在 InteRobot 软件中，各种工序操作生成的机器人运动路径离散后的点位为机器人_____期望位姿。

3. InteRobot 软件中的"手拿工件"加工模式下的离散操作，用户需要设置_____点，才可以正确的生成加工路径。

判断题

4. 在 InteRobot 软件中，用户无法为控制程序增加出运动指令之外的其他指令。

（　　　　）

问答

5. 在"手拿工件"加工模式下创建离线操作时，离线操作选用的工件会自动安装至机器人末端，当机器人 TCP 不同时，该工件装夹位置是否会发生变化？

6. 当进行手拿工件操作模式下的磨削作业时，工件表面生成的轨迹是否是机器人的加工轨迹？其与机器人 TCP 运动轨迹有什么关系？

7. 结合线磨削的磨削加工方式，谈一谈这种磨削加工方式的优点。

8. 详述完备机器人控制程序的方法。

任务二　控制代码的输出

【任务描述】

当用户利用离线编程软件生成机器人的控制代码之后，还需要将控制代码输出给实际机器人的控制器，并进行适当的设置，保证离线程序能够正常在线运行。通过学习本任务，可以掌握 InteRobot 软件中加工路径控制代码输出的主要方法；也可以有选择性地了解机器人 config 参数的作用与含义等理论知识。

【知识准备】

5.2.1　机器人 config 参数

输出代码时，当选择输出控制代码类型为虚轴时，此时会出现一个可选项"config"。

config 是机器人关节角配置的一组参数，通常由三个参数组成。不同型号的机器人，有不同的关节角配置方式。华数机器人所采用的是 config 算法。

当机器人到达同一种姿态的时候，关节轴 J1、J4、J5 或关节轴 J2、J3、J5 存在多组解，为了使机器人能按照用户预期的姿态运动到目标点，且移动过程中姿态不产生大幅度的变化，华数机器人控制系统通过选用不同的 config 参数形式限制机器人的姿态。

控制系统中 config 参数由三个参数 ARM、ELBOW 和 WRIST 组成，这三个参数均有 1 和 2 两个可取值（未定义时为 0），因此 config 共有 8 组可能组合，分别对应着机器人的 8 种姿态。

（1）机器人姿态描述　以六轴机器人的三个奇异形位作为临界点，分别有前/后、上/下和俯/仰姿态，以此分别定义机器人的三个 config 参数，即 ARM、ELBOW 和 WRIST。

机器人的 8 种姿态如图 5-27 所示。

（2）机器人姿态判断　机器人姿态的前/后、上/下的判断由参考面及其方向决定，首先定义机器人手腕中心点为第五关节和第六关节的轴线交点。

1）前/后姿态的判断。机器人前/后姿态与手腕中心点位于参考面的哪一侧相关。以机器人第一关节的转动轴线与第二关节的轴线的平行矢量所构成的平面为参考平面，其参考平面的法线方向与两轴向互成 90°。已知六轴机器人各关节的转向定义使用右手螺旋定则，以四指弯曲指向关节正向转向，此时拇指所向即为该关节的轴线方向，如图 5-28 所示。

第一关节轴 J1 和第二关节轴 J2 的轴向平行矢量构成前后的参考平面。使用右手定则，以归零时为例进行分析，关节轴 J1 轴向指向基坐标的 Z 轴正向，关节轴 J2 轴向依右手螺旋可知指向基坐标的 Y 轴正向。此时，按照机器人右手定则，定义中指（代表 Z 轴）指向关节轴 J1 轴向，食指（代表 Y 轴）指向关节轴 J2 轴向，此时拇指（代表 X 轴）指向定义为该参考平面的法向方向。

手腕中心点在参考面法向指向同一侧的姿态为"前"，反之则为"后"。

2）上/下姿态的判断。定义大臂指向为从关节轴 J2 指向关节轴 J3（在归零位时指向基坐标的 Z 轴正向），关节轴 J3 的轴向依据右手螺旋可知（在归零时指向基坐标的 Y 轴正向），同样按照机器人右手定则，定义中指（代表 Z 轴）指向大臂指向，食指（代表 Y 轴）指向关节轴 J3 轴向，此时的拇指（代表 X 轴）指向定义为该参考平面的法向方向。

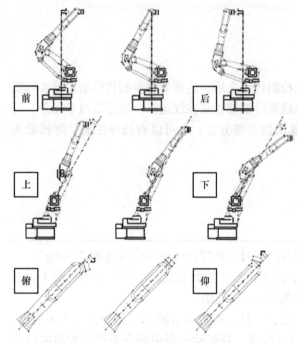

图 5-27　机器人的 8 种姿态

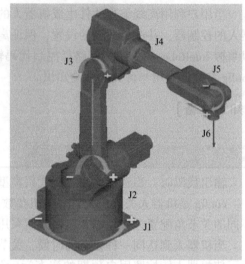

图 5-28　HSR612 机器人（归零）关节转向

手腕中心点在参考面法向指向同一侧的姿态为"下"，反之为"上"。

3）俯/仰姿态的判断。机器人俯仰的判断主要依据第五关节的转动角，图 5-28 所示的转向即为 J5 的正负转向，图中所示机器人 J5 大于零，姿态定义为"俯"，若 J5 小于零，则定义姿态为"仰"。

（3）config 参数选值　机器人前/后姿态决定了 ARM 的取值，定义"前"为 ARM = 1，"后"为 ARM = 2。

机器人 ELBOW 的取值比较特殊，除与上/下姿态相关外，肘部的姿态定义也与 ARM 相关。

1）当机器人处于"前"（ARM = 1）的姿态时，定义"上"时 ELBOW = 1，"下"时 ELBOW = 2。

2）当机器人处于"后"（ARM = 2）的姿态时，定义"上"时 ELBOW = 2，"下"时 ELBOW = 1。

而 WRIST 的取值则由第五关节的关节角大小决定，定义关节角大于零时为"俯" WRIST = 1，关节角小于零时为"仰" WRIST = 2。

【任务实施】

5.2.2　输出机器人控制代码

离线操作、示教操作和码垛操作都具有输出机器人代码的功能。示教操作和码垛操作在路径点添加完成之后可以输出机器人代码，离线操作则需要在生成路径成功之后才能输出机器人代码。

1）在工作站导航树中右键单击打磨子节点，选择"输出代码"，进入"代码输出"窗口，如图 5-29 所示。

图 5-29　输出代码选择

2）选择控制器代码类型为"虚轴"，勾选"config"选项，设置好输出代码路径后，单击【输出控制代码】按钮，如图 5-30 所示。

输出控制代码

图 5-30　输出控制代码

思考与练习

填空题

1. InteRobot 软件中，当用户输出_____代码时，需要勾选"config"选项。

2. InteRobot 软件中，config 为机器人_____的配置参数，能够使机器人按照用户预期的姿态运动到目标点。

3. InteRobot 软件中，机器人位于"前"姿态时，ARM 取值为_____、"后"姿态时，ARM 取值为_____。

判断题

4. InteRobot 软件中，用户输出的不同品牌机器人代码格式是相同的。 （ ）

问答题

5. 控制代码输出类型包括了哪些？它们之间有什么不同？

6. 输出何种控制代码类型需要用户勾选"config"参数？为什么？

7. 已知华数机器人控制系统型号有 I、II、III 型，请打开"机器人库"中的 HSR612 型机器人属性，修改机器人型号为 III 型，重新搭建工作站，生成其控制程序。

任务三　轨迹程序的校准

【任务描述】

真实机器人工作站中的工件安装误差、TCP 测量误差、加工误差等都会使得离线编程软件中的布局和位置关系与实际情况有一定的偏差，从而无法保证用离线编程软件所生成的机器人控制程序在真实工作站中的准确性。为了解决此问题，InteRobot 软件提供了一种工件坐标系校准的方法，来对离线程序在真实工作站中的运行轨迹进行校准。通过学习本任务，首先可以了解离线编程误差来源与消除方法等理论知识；其次，掌握利用工件坐标系校准法对离线轨迹校准的一般方法；最后，重点掌握离线编程作业的一般应用步骤。

【知识准备】

5.3.1　离线轨迹误差来源

在使用离线编程方法进行作业的过程中，误差是影响作业准确性的重要因素之一。误差的来源主要分为两类，其一是包括工件的安装误差、TCP 测量误差、加工误差等外部误差，其二是由机器人本体在制造过程中产生的内部误差。机器人内部误差往往较小，可以忽略不计，本节主要讨论常见的外部误差及其解决方法。

外部误差中常见的第一种误差就是工件的安装误差，这是由于现场安装工件时可能与图纸出现偏差，导致误差产生。此时可以通过工件标定，校准真实场景中的工件与离线编程仿真模型之间的误差。第二种误差就是 TCP 测量误差，由于种种原因，导致真实世界的 TCP 与离线编程软件中所使用的 TCP 有所不同，于是便产生了生成轨迹时的误差。针对这种误差，用户应该在真实场景中对 TCP 点进行标定，得到正确的 TCP 点位之后，将其设置为离线编程软件中使用的 TCP 点。第三种误差就是加工误差，这种误差会导致离线编程中生成的离线轨迹无法达到用户想要的加工效果，对于这种误差，就需要使用工件坐标系校准法来校准其轨迹程序。InteRobot 软件中利用工件坐标系校准法来校准轨迹程序的步骤一般分为五步。

1）创建操作，生成离线轨迹程序。

2）在离线编程软件某位置中建立合适的工件坐标系 $\{A\}$。

3）输出在工件坐标系 $\{A\}$ 下的离线轨迹程序。

4）将该程序导入真实世界中的机器人示教器中。

5）在真实世界中与离线编程软件中相对应位置建立工件坐标系 $\{B\}$，将离线轨迹程序修改为在 $\{B\}$ 下的轨迹程序。

综合考虑 TCP 测量误差、工件标定误差、加工误差，一般而言，正确实施离线编程作业地步骤如下。

1）真实场景中利用示教器标定工具坐标系 TCP（假设工具坐标系号为1）。

2）在离线编程软件中对需要标定的相关工件实施工件标定。

3）修改 InteRobot 软件中工具模型的 TCP 位置信息（X，Y，Z），使其与真实场景中标定的工具坐标系原点信息相同；调整 TCP 姿态，使其便于生成轨迹。

4）创建操作、生成轨迹。

5）在离线编程软件某位置中建立合适的工件坐标系 $\{A\}$。

6）输出在工件坐标系 $\{A\}$ 下的离线轨迹程序。

7）将该程序导入真实世界中的机器人，在真实世界中与离线编程软件中相对应位置建立工件坐标系 $\{B\}$，将离线轨迹程序修改为在 $\{B\}$ 下的轨迹程序。

8）调整真实场景中标定的工具坐标系，使其姿态与离线编程中调整的姿态保持一致。

9）修改机器人程序，插入工具坐标系指令（标定生成的工具坐标系），插入合适点位，完成程序的修改。

【任务实施】

5.3.2 利用工件坐标系校准法校准轨迹程序

（1）建立工件坐标系 右键单击工作站根节点下的工作坐标系组子节点，之后单击"添加工作坐标系"，如图 5-31 所示。

在"添加工作坐标系"窗口中选择当前机器人为 HSR612，之后单击【选原点】按钮，选择建立工作坐标系的原点，其在抛光机 polisher 上的位置如图 5-32 所示。

原点选择完成后，将其工作坐标系姿态选择为默认，其各轴指向与世界坐标系指向一致，如图 5-33 所示。

（2）输出基于工件坐标系1的机器人控制代码 工作坐标系建立后，用户需要输出基于此工作坐标系下的机器人代码，机器人运动的路径点位也会转化为相对于工件坐标系1的运动路径点。在代码输出页面，选择控制代码类型为"虚轴"，勾选"config"、工件坐标系选择为上一步中建立的"工件坐标系1"，本例中填写坐标系号为"11"，如图 5-34 所示。

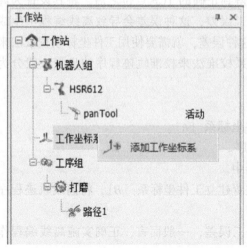

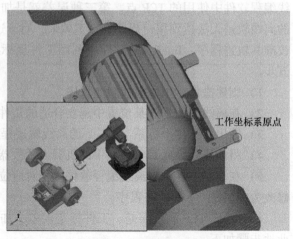

图 5-31　进入"添加工作坐标系"窗口　　　　图 5-32　工作坐标系原点

图 5-33　工作坐标系创建

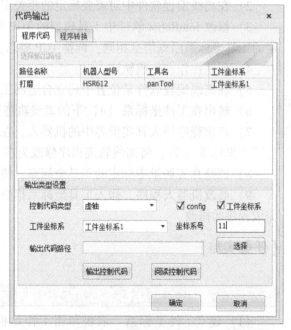

图 5-34　在工件坐标系 1 下输出控制代码

在选择某工件坐标系下输出控制代码时，坐标系号是必须要填写的一项。该项填写之后，输出的机器人控制代码才会包含工件坐标系指令（基坐标系指令）。当该程序载入真实示教器中并运行时，机器人才会在该坐标系号下进行运动，如图 5-35 所示。

（3）代码拷贝　将机器人控制代码中的 .DAT 与 .PRG 文件一起拷贝入 U 盘，然后将 U 盘插入示教器内，在示教器中点击恢复，选择要拷贝入示教器的 .DAT 与 .PRG 文件，如图 5-36 所示。

（4）工件坐标系标定　代码拷贝入示教器内之后，用户需要在真实场景中利用示教器操控机器人对工件坐标系（本项目中为 11）进行标定，如图 5-37 所示。标定工件坐标系时

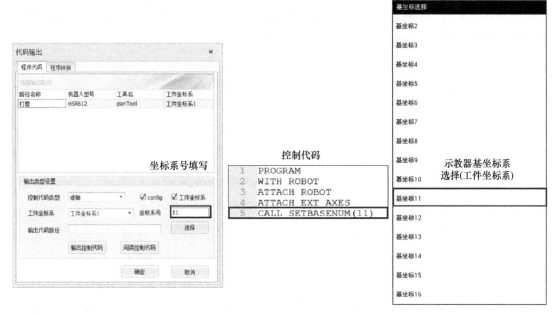

图 5-35　坐标系号含义

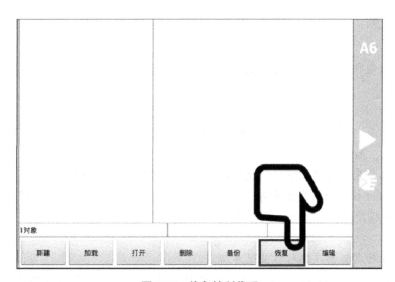

图 5-36　恢复控制代码

使用的 TCP 为离线编程软件中用户生成轨迹时所使用的 TCP，且工件坐标系的原点位置要与模型中所设立的工件坐标系原点位置相对应。

工件坐标系的标定确定了基于机器人基坐标系下的工件坐标系位姿，然而离线编程软件中机器人基坐标系与真实场景中机器人的基坐标系存在着 Z 轴方向的偏移。因此为了保证离线编程软件基于工件坐标系所生成的路径可以正确地在真实场景中使用，用户需要修改真实场景中所标定的工件坐标系，将其减去两机器人基坐标的偏移。

在离线编程软件中打开"机器人属性"窗口，如图 5-38 所示，机器人的基坐标系 Base 相对于世界坐标系 World 姿态为 {0，0，509，0，0，0}，表明离线编程软件中的机器人模型 HSR－612 的基坐标系相较于真实场景中的机器人基坐标系在 Z 轴方向上偏移了 509mm，这是因为在真实场景中机器人的基坐标系与世界坐标系重合，因此用户需要对标定的工件坐标系在 Z 轴方向减去 509mm，以使得路径能够正确使用。

图 5-37　离线编程软件标定　　　　图 5-38　基坐标系 Base 相对于世界坐标系 World 的坐标

注意工件标定时的工件坐标系号与在 InteRobot 软件中输出代码时所选择的工件坐标系号应保持一致。

思考与练习

填空题

1. 离线编程作业的误差主要分为＿＿＿＿误差和＿＿＿＿误差，其中＿＿＿＿误差往往忽略不计。

判断题

2. 在实际应用离线编程进行作业时，TCP 点的姿态应该以满足加工便利性的要求由用户自行设置，无须标定。　　　　　　　　　　　　　　　　　　　（　　）

3. 利用工件坐标系校准法校准轨迹程序时，无需对工件进行标定。　（　　）

4. InteRobot 软件中，当用户导出了基于自定义工件坐标系下的运动程序与基于世界坐标系的运动程序时，两者的点位信息没有差别。　　　　　　　　　　（　　）

问答题

5. 详述正确实施离线编程作业的步骤。

6. 在利用工件坐标系校准法校准离线编程轨迹时，用户有无必要对工件进行标定，为什么？

【项目总结】

项目名称	
项目内容	

（续）

知识概述		
自我评价	分析能力	点磨削、线磨削选择分析
		离线程序应用于真实工作站问题分析
		点磨削设置位姿分析
		TCP 位姿分析
		规划路径离散点位姿态分析
	规划能力	轨迹代码校准步骤规划
		离线程序应用于真实工作站步骤规划
	应用技能	"手拿工件"加工模式操作创建及路径添加
		"磨削点"设置
		利用工件坐标系校准法校准离线程序

【项目拓展】

轨迹程序校准训练

InteRobot 软件为用户提供了"操作转换"功能，该功能能够对离线操作下自动路径、生成方式生成的路径进行基于工件坐标系的转换，其具体实现方法为首先添加两个工件坐标系，然后在离线操作下的右键菜单中单击"操作转换"进行相关的设置。要求：

1）在 3.1.2 节搭建的工作站中创建离线操作（如图 5-39 所示），利用自动生成路径方式生成"中"字路径。

2）在离线编程仿真工作站中适当位置添加工件坐标系 $\{A\}$，在真实场景中对应位置标定工件坐标系 $\{B\}$ 并利用其位姿信息添加工件坐标系 $\{B'\}$。

3）利用"操作转换"功能，将"中"字的机器人运动轨迹由基于工件坐标系 $\{A\}$ 变化至基于工件坐标系 $\{B'\}$，并在 $\{B'\}$ 工件坐标系下输出其控制代码。

试回答：以上三步能否实现对于轨迹程序的校准？其相较于 5.3.2 节中介绍的利用工件坐标系校准法校准轨迹程序有什么不同？

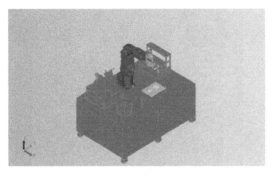

图 5-39　写字仿真工作站

项目六

基于机器人－变位机的轨迹生成

【项目目标】

◇ **知识目标**

1. 了解变位机的分类与应用。
2. 掌握变位机库的主要功能。
3. 掌握关联变位机的意义与方法。
4. 掌握控制变位机运动的方法。
5. 掌握变位机策略中参考方向与区间角度的意义。

◇ **能力目标**

1. 掌握基于机器人-变位机示教编程的方法。
2. 掌握单变位机策略下基于机器人-变位机加工路径的生成方法。

【知识结构】

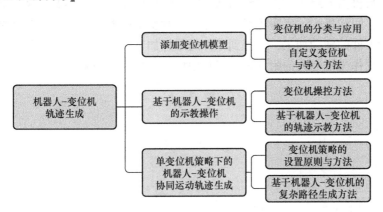

任务一 添加变位机模型

【任务描述】

变位机是工业机器人应用中的一种常见的辅助设备，比较典型的应用是工业机器人焊接工作。在创建变位机辅助机器人加工的离线编程工作站时，首先必须要正确的导入并配置变位机设备。在 InteRobot 软件中，变位机作为机器人组的扩展节点，与工件模型的添加有所不同，需要用户通过"变位机库"对其进行导入。"变位机库"已经预置了部分变位机，用户也可以根据需要自定义变位机。通过学习本任务，首先可以掌握 InteRobot 软件中变位机的导入与新建方法；其次，了解 InteRobot 软件中变位机各个参数的具体含义。

【知识准备】

6.1.1 认识变位机

随着各种加工技术在自动化与智能化方面的快速发展，工业机器人在各种典型加工领域如焊接、涂装中扮演了重要的角色。机器人在现代工业中的应用也越来越深入，某些加工轨迹更是日趋复杂，单独的机器人已经无法保证这类轨迹的加工，进而也无法保证加工质量。例如，在管道和阀门中，利用工业机器人焊接常见的管与管相贯的马鞍形焊缝（如图6-1所示）时，单凭独立的六自由度的弧焊机器人是无法实现马鞍形焊缝的全位置焊接的。

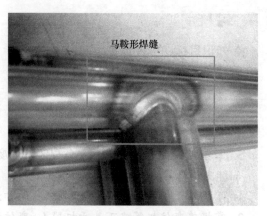

图 6-1　马鞍形焊缝

利用机器人进行复杂轨迹的加工时，往往需要利用变位机来对其进行辅助加工。变位机是一种常见的辅助加工设备，主要应用在焊接加工领域，其往往与机器人组成焊接工作站从而实现焊接作业，如图6-2所示。变位机的主体部分由翻转机构、回转机构、底座等组成，在加工时变位机能够通过对工作台的回转、翻转、移动，实现对工件的辅助加工，以得到工件的理想加工位置与速度。在实际应用中，往往将变位机的回转轴作为机器人的附加轴从而利用机器人来进行控制。

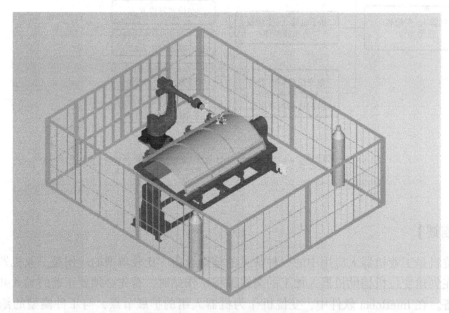

图 6-2　机器人焊接工作站

常用变位机主要分为以下几种。

（1）双立柱单回转式变位机　该种类变位机适用于对外观为长方形的箱型焊接结构件进行辅助焊接，例如压路机主体架、汽车车骨架、吊车悬臂梁等。其运动方式主要有两种，一是由立柱一端进行单方向旋转，二是由立柱两端提供移动。此种变位机同样还能够通过调节一端立柱轨道下端的滑动装置来适应不同规格的产品。如图6-3所示，该种类变位机结构简单、易于控制，在焊接行业应用广泛。然而，由于其只能进行单一周向的回转运动，使得该种变位机只能适用于对环向结构的焊缝进行变位焊接。

（2）U 型双座式头尾双回转型变位机　如图 6-4 所示，U 型双座式头尾双回转型变位机与双立柱单回转式变位机结构形式基本相同，其可实现绕双立柱中心轴的回转运动，与双立柱单回转式变位机相比，增加了一个两立柱绕轴支座的旋转运动而移除了一个轴支座滑移的自由度。该种变位机具有被焊件移动、旋转空间大的优点，可以实现全位置焊接，已经被大量应用到焊接机器人工作站中。

图 6-3　双立柱单回转式变位机

图 6-4　U 型双座式头尾双回转型变位机

（3）L 型双回转式焊接变位机　如图 6-5 所示，L 型双回转式焊接变位机相较于 U 型双座式头尾双回转型变位机结构更加简化，其消减了 U 型双座式头尾双回转型变位机的一个立柱和支座，运行方式却与 U 型双座式头尾双回转型变位机相同，两者都可以实现两个方向 ±360° 的回转。L 型双回转式焊接变位机与其他同类型变位机相比，具有结构简单、开敞性好、便于操作的特点，被大量应用到汽车行业中车架的焊接变位。

（4）C 型双回转式焊接变位机　C 型双回转式焊接变位机在结构上兼具属于 L 型双回转式焊接变位机与 U 型双座式头尾双回转型变位机的特点，其拥有 L 型双回转式焊接变位机的底座和 U 型双座式头尾双回转型变位机的双立柱结构，如图 6-6 所示。该种变位机的运动方式能够实现两个方向的旋转，且易于工件装夹。该种变位机通常应用于复杂结构件的焊接变位，如装载机的铲斗、挖掘机的挖斗等焊接变位。

图 6-5　L 型双回转式焊接变位机

图 6-6　C 型双回转式焊接变位机

（5）座式通用变位机　如图6-7所示，座式通用变位机是焊接领域中最常见的一种变位机，其能够实现工作台的旋转与翻转，便于对圆形或曲线结构的工件的翻转。由于此种焊接变位机的结构简单、变位灵活、控制方便等特点，焊接机器人工作站中已经大量使用，也适用于工程机械的小型结构件的焊接和一些管类、轴类等中小型复杂结构的焊接变位。

图6-7　座式通用变位机

6.1.2　变位机库

InteRobot 软件中通过变位机库对仿真变位机模型进行相关操作，变位机库预置有多种类型变位机供用户选择，用户可调用任意型号变位机进行离线仿真，同时变位机库还支持用户新建仿真变位机。

当用户添加变位机时，首先需要添加变位机节点。由于变位机并不是所有加工所需，因此在 InteRobot 软件中将变位机组节点作为扩展节点。右键单击工作站导航树后，可选择"新建变位机组"，如图6-8所示。

变位机组节点添加完成后，单击"变位机组"节点，菜单栏上的变位机库图标便会呈现高亮状态，单击进入"变位机库"窗口，如图6-9所示。

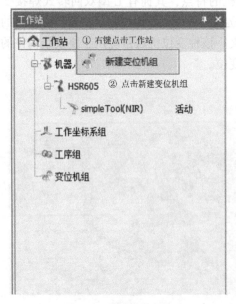

图6-8　新建变位机组

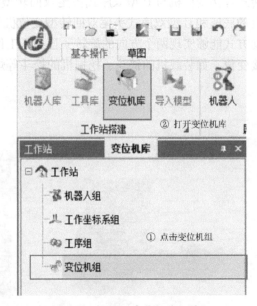

图6-9　打开"变位机库"窗口

"变位机库"窗口如图 6-10 所示，用户可在此窗口中实现对变位机的编辑、新建、删除、预览、导入和导出变位机文件等功能。在"变位机库"窗口中移动鼠标至变位机预览图上右键单击选择"属性"，进入"变位机编辑"窗口，如图 6-11 所示。

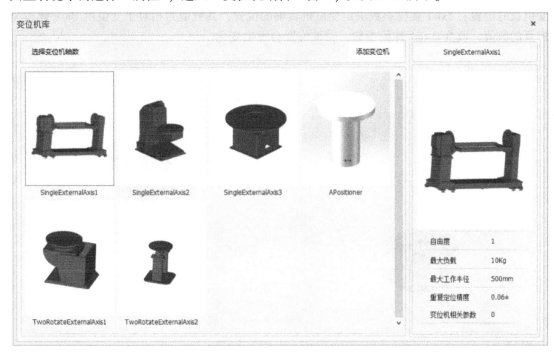

图 6-10 "变位机库"窗口

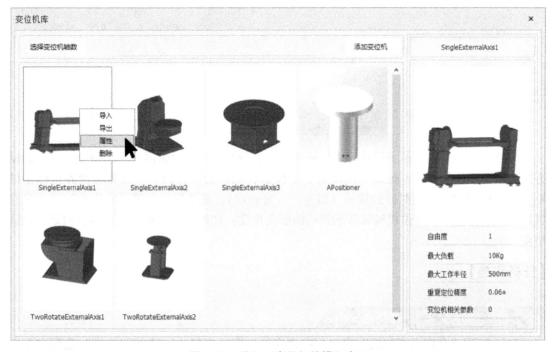

图 6-11 进入"变位机编辑"窗口

如图 6-12 所示，在"变位机编辑"窗口中，用户可以对变位机的预览图、模型参数、建模参数、运动参数等进行修改。其中变位机的建模参数主要分为 Base 建模参数与 Axis1 建模参数。Base 建模参数决定变位机建模坐标相对于世界坐标系的位置，修改该参数会改变变位机的位置；Axis1 建模参数决定变位机转轴的位置，其数值为相对于变位机 Base 建模坐标系的数值，改变 Axis1 建模参数，转轴位置会发生变化。

图 6-12　变位机建模参数及运动参数

变位机运动参数包括了运动方式、运动方向、最小限位、最大限位、初始位置等。运动方式包括了静止与旋转；运动方向规定了变位机转轴的旋转方向，可选为绕世界坐标系的 X、Y、Z 轴顺时针或逆时针的旋转（以 +、- 号表示）；最小限位与最大限位参数值表示在机器人加工过程中，变位机转轴所能到达的最大角度；初始位置表示变位机转轴初始的默认角度。

【任务实施】

6.1.3　自定义变位机并导入

（1）打开"自定义变位机"窗口　在"变位机库"窗口中"添加变位机"选项中单击"自定义变位机"，软件弹出"变位机编辑"窗口，如图 6-13 所示。

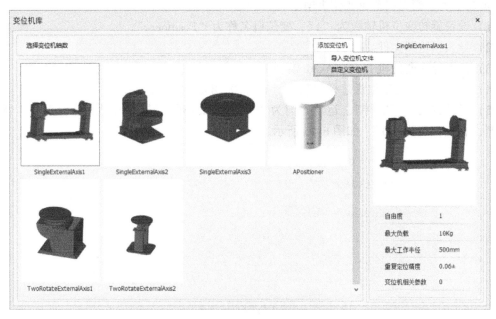

图 6-13 自定义变位机

（2）变位机参数设置 变位机新建与变位机属性进入的窗口是一样的，包括六个部分：变位机名称、变位机基本数据、变位机预览、变位机模型信息、变位机建模参数、变位机运动参数，如图 6-14 所示。

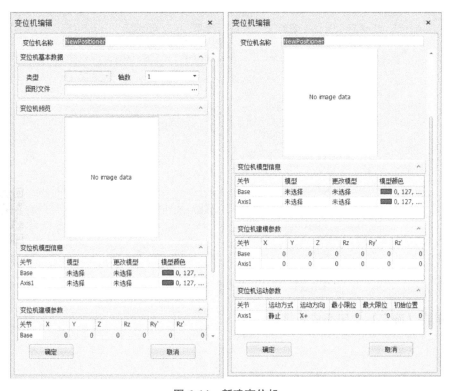

图 6-14 新建变位机

可按下属步骤完成新建变位机模型。

1）设置旋转变位机轴数为"1"，变位机名称为"Positioner"。

2）导入预览图文件。

3）分别导入变位机 Base、Axis1 模型。

4）修改 Axis1 的变位机建模参数为 {405，0，850，0，0，0}。

5）运动方式为"旋转"、运动方向为"Y+"，最小限位与最大限位分别为"-180"、"180"，初始位置为"0"，如图 6-15 所示。

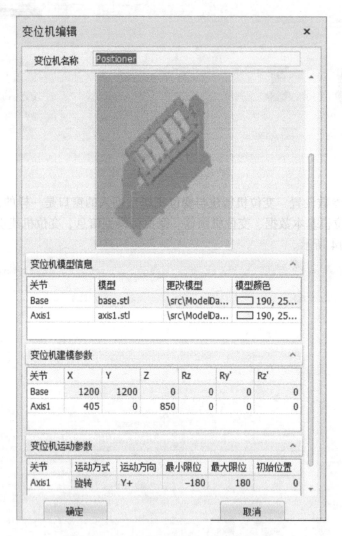

自定义变位机

图 6-15　变位机建模参数及运动参数设置

6）单击【确定】按钮完成新建。

思考与练习

填空题

1. 变位机主要分为＿＿＿＿＿、＿＿＿＿＿、＿＿＿＿＿、＿＿＿＿＿、＿＿＿＿＿等五种。

2. InteRobot 软件中，用户主要通过＿＿＿＿＿来导入变位机。

3. InteRobot 软件中变位机建模参数中 Axis1 建模参数主要决定＿＿＿＿＿的位姿。

判断题

4. InteRobot 软件中，变位机最小限位和最大限位参数值与离线操作加工路径条数无关。　　　　　　　　　　　　　　　　　　　　　　　　　　　　　　（　　）

问答题

5. 常见变位机有哪些种类？它们的应用于什么场合？

6. 变位机转轴的位姿通过哪些变位机参数确定？

7. 修改变位机属性的 Base 坐标系，变位机转轴的建模参数在世界坐标系下是否会发生变化？为什么？

任务二　基于变位机的示教操作

【任务描述】

在离线编程中利用变位机辅助仿真机器人进行作业时，利用"关联变位机"可以将其添加为机器人的附加轴从而对其进行控制，在作业形式较简单的机器人-变位机工作站中，示教操作可以实现对变位机实轴信息的记录与再现，从而与机器人配合生成示教轨迹。通过学习本任务，可以了解机器人关联变位机的意义并掌握具体实施方法；其次，掌握在 InteRobot 软件中基于机器人与变位机进行轨迹示教的方法。

【知识准备】

6.2.1　关联变位机

（1）打开关联变位机界面　在工作站导航树下的"变位机组"子节点中，右键单击导入至工作场景中的变位机名称，在出现的右键菜单中选择"关联"，进入"关联变位机"窗口，如图 6-16 所示。

（2）关联机器人与工件　如图 6-17 所示，进入"变位机关联"窗口后，在"是否关联机器人""是否关联工件"选项处勾选，同时在其下拉选项中选择变位机所关联的机器人与工件。关联完成后，即将变位机转轴添加为机器人附加轴并对其进行控制，同时工件也将随变位机进行转动。

6.2.2　变位机属性

当变位机添加完成后，可以通过变位机属性对变位机转轴的运动进行控制。

在工作站导航树下的"变位机组"子节点中，右键单击导入至工作场景中的变位机名称，在出现的菜单中选择"属性"，进入"机器人属性"窗口，如图 6-18 所示。

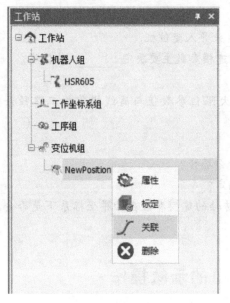

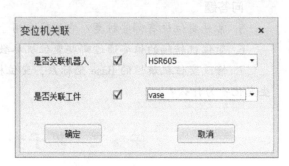

图 6-16 打开"关联变位机"窗口　　　　图 6-17 关联机器人与变位机

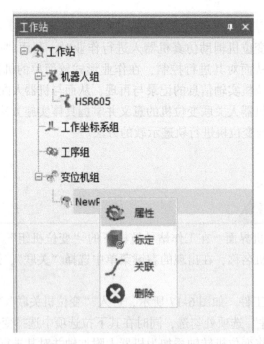

图 6-18 打开"变位机属性"窗口

也可直接通过软件界面上方的"变位机"功能进入"变位机属性"窗口，如图 6-19 所示。

在"变位机属性"窗口中，修改 $\theta1$ 值从而控制变位机运动，如图 6-20 所示。

图 6-19 进入"变位机属性"窗口

图 6-20 控制变位机

【任务实施】

6.2.3 进行变位机示教操作

（1）工作站系统搭建 导入机器人 HSR630，在工具库中选择预置工具 WeldingGunTool 并导入。导入工件模型 workpiece，修改其位姿为 {1200，1200，0，0，0，0}。导入上一步新建的变位机 Positioner，导入完成后情况如图 6-21 所示。

打开"变位机属性"窗口，调整"基坐标系 Base 相对于世界坐标系 World"区域中变位机建模坐标系在世界坐标系下的位姿为 {1000，1200，0，0，0}，从而移动变位机至合适的加工位置。修改完成后，工作场景如图 6-22 所示。

（2）关联变位机 在导入的工作场景

图 6-21 机器人及模型导入

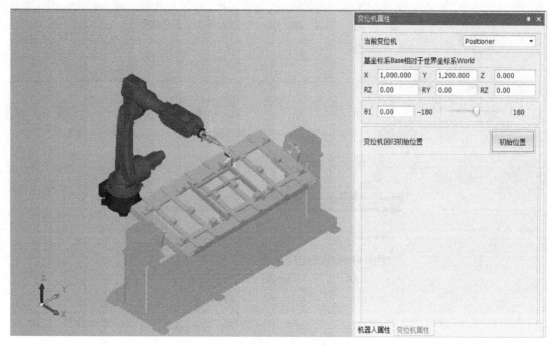

图 6-22 变位机姿态调整

中，选择 Positioner 变位机，将其关联至机器人 HSR630，工件 workpiece，如图 6-23 所示。

（3）创建示教操作 选择工作站导航树下的"工序组"子节点，右键单击"创建操作"，在出现的窗口中选择创建"示教操作"，如图 6-24 所示。

图 6-23 关联变位机

图 6-24 示教操作创建

（4）记录点位 当变位机与机器人以及工件关联完成后，将变位机置于初始位置。打开"操作1"的"编辑点"窗口，在对如图 6-25 所示工件表面特征点进行示教时，机器人会出现"位置经计算不可达"提示，此时需要用户调整变位机至合适角度之后再对该点进行示教。

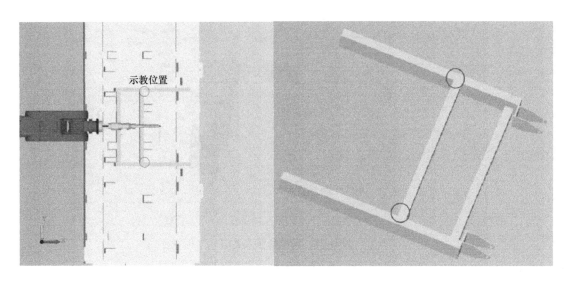

图 6-25 工件特征点位

打开"变位机属性"窗口，修改变位机 θ1 值，使得与变位机关联的工件处于机器人可达的位置上。之后勾选"机器人随动"，单击"编辑点"窗口的【选点】按钮，选择需示教的点位，机器人便会随动至该点位，如图 6-26 所示。

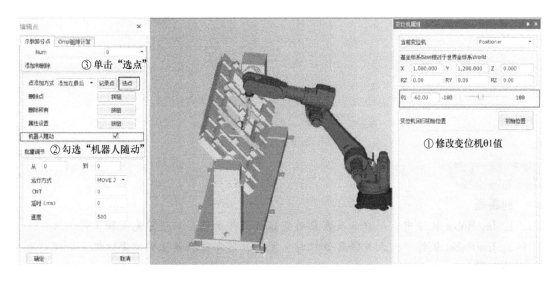

图 6-26 利用变位机调整工件位置

打开"机器人属性"窗口，修改机器人 TCP 姿态，使其更加合理，如图 6-27 所示。

单击"编辑点"中的【记录点】按钮，将变位机的转角以及机器人 TCP 的位姿记录下来。将变位机以及机器人回归初始位置，在该点之前添加机器人以及变位机原点。如图 6-28 所示，单击【确定】按钮，完成全部点位的添加。

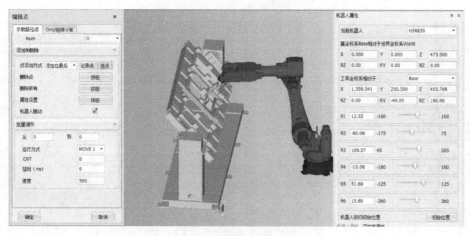

图 6-27　调整机器人姿态

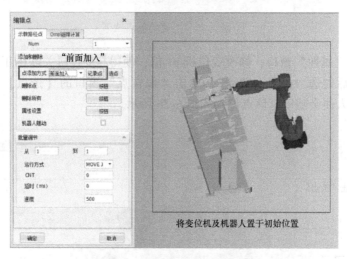

将变位机及机器人置于初始位置

图 6-28　基于变位机的示教操作

思考与练习

判断题

1. InteRobot 软件中，用户如果需要对变位机进行示教，必须首先关联工件。（　　）

2. InteRobot 软件中，未关联变位机时，无法利用变位机属性操控变位机。（　　）

填空题

3. InteRobot 软件中，用户可以通过_____控制变位机。

4. InteRobot 软件中，用户示教时记录的是变位机转轴的_____。

问答题

5. 在实际加工场景中，工业机器人如何对变位机进行控制？

6. 当机器人对工件上某些点位无法进行示教时，需要变位机的辅助，在创建基于机器人-变位机的示教操作前，需要对变位机进行何种操作？为什么？

任务三　基于变位机的复杂曲线加工

【任务描述】

变位机能够在机器人加工时改变工件的位姿，对基于机器人-变位机的复杂加工轨迹来说，该轨迹所依附的工件与机器人的末端执行器需要协同运动，从而保证工件的正确加工。在 InteRobot 软件中，变位机与机器人协同运动状态下的轨迹生成方式与普通的机器人轨迹生成方式有所区别，需要在机器人工序组节点下对变位机策略进行适当的参数配置。通过学习本任务，首先可以掌握单外部轴策略设置的具体方法与其设置参数的具体含义；其次掌握单外部轴策略下，基于机器人与变位机协同运动的复杂轨迹的生成。

【知识准备】

6.3.1 单变位机外部轴策略

InteRobot 软件提供了外部轴的加工策略，用户可选单变位机的加工策略，如图 6-29 所示。

在该变位机策略中，用户需要对参考方向、区间角度、趋近方式进行设置，如图 6-30 所示。在变位机加工策略下生成路径的本质是，将所添加的运动路径各点位姿绕变位机旋转轴作各自的旋转变换，变换后的路径点位姿经逆运动学计算后有解的概率更高，且机器人姿态符合加工策略的要求。

图 6-29　单变位机加工策略　　　　　图 6-30　单变位机参数设置

在单变位机加工策略中，"参考方向""区间角度"决定了工件上需要机器人与变位机协同运动的部分路径。

"参考方向"需要用户依次输入三个数值，从而确定出参考方向矢量的指向。当输入数字为 $\{1, 0, 0\}$、$\{0, 1, 0\}$、$\{0, 0, 1\}$ 时，代表参考方向指向分别为 X、Y、Z 轴的正方向，而输入数字为 $\{-1, 0, 0\}$、$\{0, -1, 0\}$、$\{0, 0, -1\}$ 时，代表参考方向指向分别为 X、Y、Z 轴的负方向。由于用户对于"参考方向"的数值必须依次序输入，所以第一次输入 1 或 -1 时就确定了参考方向的基准方向，当第二次向剩余输入框的其中一个输入数值时，该模块就能够根据第一次输入数值确定的基准方向确定出参考方向的指向；同理第三次输入数值后，该模块同样通过前两次输入数值确定出的基准方向确定出参考方向的指向。

如用户第一次输入值为 $\{1, 0, 0\}$，第二次输入值为 $\{1, 1, 0\}$ 时，代表该参考方向指向为以 $\{1, 0, 0\}$ 方向（x 轴正方向）为基准偏移 $\tan^{-1}\dfrac{1}{1}$（即 45°），第二次输入 $\{1, 0.5, 0\}$ 时，代表该参考方向指向为以 $\{1, 0, 0\}$ 方向为基准偏移 $\tan^{-1}\dfrac{0.5}{1}$（即约为 26°）；当前两次依次输入 $\{1, 1, 0\}$，第三次输入 $\{1, 1, 1\}$ 时，代表该方向以 $\{1, 1, 0\}$ 所指方向偏移 $\tan^{-1}\dfrac{1}{\sqrt{2}}$（即约为 35°），如图 6-31 所示。

InteRobot 软件中加工轨迹离散后便会转化为机器人末端工具期望位姿，如图 6-32 所示，其中蓝色矢量代表 TCP 的 Z 轴（主刀轴），红色矢量代表 TCP 的 X 轴（副刀轴）。当这些 TCP 位姿不满足加工要求时，就需对其进行修改。

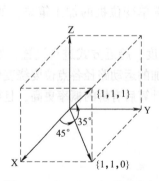

图 6-31 $\{1, 1, 1\}$ 参考方向

图 6-32 离散后加工轨迹

当用户对机器人规划路径上 TCP 点位姿修改完成后，便可设置单变位机策略。参考方向在设置时需要与规划路径上的 TCP 点位保持一致，如图 6-33 所示。

当参考方向设置为与 TCP 点位保持一致后，便可设置区间角度。该项用户需要输入区间上界与区间下界，即与参考方向的夹角，如图 6-34 所示。当规划路径中的 TCP 主刀轴（Z 轴）方向与参考方向的夹角大于区间角度的上界值，或小于区间角度的下界值时，变位机便需要转动从而配合机器人加工。

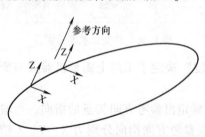

图 6-33 参考方向设置

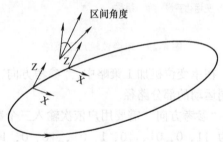

图 6-34 区间角度上下界

如图 6-35 所示，规划路径离散后点位 TCP 的主刀轴全部位于世界坐标系 X 轴与 Z 轴所形成的平面 X0Z 内，于是设置参考方向为 {0，0，1}，区间角度设置为 {-18，18}，则 TCP 主刀轴在此区间外时，变位机转动配合机器人加工。

当参考方向与区间角度设置完成后，用户可选择趋近方式为顺时针或逆时针。趋近方式设置为"顺时针"表示：当规划路径离散后各 TCP 主刀轴（Z 轴）方向在区间角度所设置的区间之外时，变位机将工件转动从而使其规划路径上各 TCP 主刀轴（Z 轴）方向转至区间哪一边界更近，则变位机转动工件至该边界进行加工；趋近方式设置为"逆时针"表示：当规划路径上 TCP 主刀轴（Z 轴）方向在区间角度所设置的区间之外时，变位机将工件转动从而使其规划路径上 TCP 主刀轴（Z 轴）方向转至区间哪一边界更远，则变位机转动工件至该边界进行加工，如图 6-36 所示。

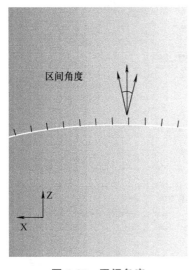

图 6-35 区间角度

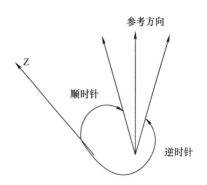

图 6-36 趋近方式

需要注意的，不论是变位机策略，还是其他加工策略，都只是对路径的预处理，最后同样都需要经过生成路径的步骤。当用户选择了变位机策略，单击【生成路径】按钮时，离线编程软件将会先调用变位机算法从而变换原路径、计算变位机转角；之后，离线编程软件计算出机器人变换后路径的逆运动学解，随后判断该路径是否生成成功。

如果用户没有选择单变位机策略，而是用了默认的"无变位机"，那么生成路径时将直接计算机器人在该路径的逆运动学解。

【任务实施】

6.3.2 创建加工内容

（1）工作场景搭建 导入机器人 HSR650。自定义工具 weldinggun_1，其模型选择为 weldinggun_1. stl，设置其 TCP 为 {119. 35，0，567. 32，0，0，180}，如图 6-37 所示。工具添加完成后，将其导入并安装至机器人上。

导入工件模型 workpiece_1，设置其位姿为 {5000，1900，0，0，0，3.16}，导入工件模型 pedestal，设置其位姿为 {2000，1900，-800，0，0，3.16}。

新建变位机 positioner_1，其 Base 模型为 Base3. stl，其 Axis1 模型为 Axis4. st。修改其 Base 参数为 ｛0，0，0，0，0，0｝，其 Axis 参数为 ｛-480，0，1200，0，0，0｝；修改其变位 机运动参数"运动方式"为"旋转"、运动方向为"Y +"、最小限位/最大限位为"-180/ 180"，如图 6-38 所示。

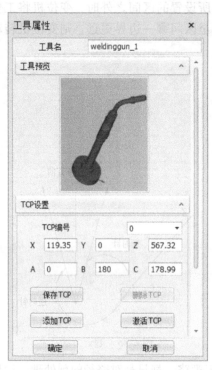

图 6-37 自定义工具 weldinggun_1

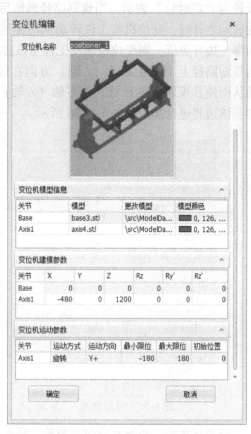

图 6-38 positioner_1 建模参数及运动参数修改

导入变位机 positioner_1，打开"变位机属性"窗口，修改其"基坐标系 Base 相对于世 界坐标系 World"中各项参数为 ｛2000，1900，-800，0，0，0｝，如图 6-39 所示。

修改完成后，视图中的工作场景如图 6-40 所示。

（2）创建操作 创建离线操作，选择加工模式为"手拿工具"，机器人为 HSR650，工 具为 weldinggun_1，工件为 workpiece，修改其操作名称为"离线操作"，如图 6-41 所示。

（3）生成路径 右键单击工序组子节点下的"操作"节点，选择"路径添加"，进入 "路径添加"窗口。路径名称为默认"路径 1"，选择"路径编程方式"为"自动路径"之 后单击【添加】按钮，如图 6-42 所示。

在"自动路径"窗口下，选择驱动元素为"通过线"，单击【添加】按钮，进入"选 取线元素"窗口，选择"元素产生方式"为"直接选择"，单击选择面选取线元素所在的 面，如图 6-43 所示。

选取如图 6-44 所示的面，然后单击【选择线】按钮。

选择如图 6-45 所示曲线段，并单击【确定】按钮，返回"自动路径"窗口，并对该加工路径进行相关设置。

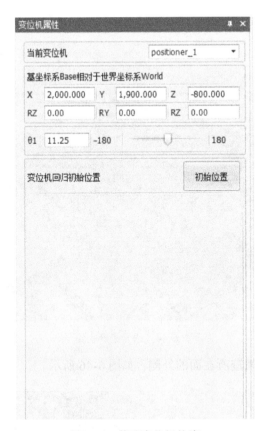

图 6-39 修改变位机位姿

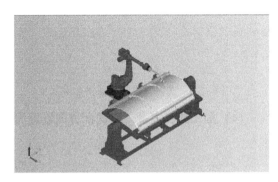

图 6-40 工作场景搭建完成

图 6-41 创建操作

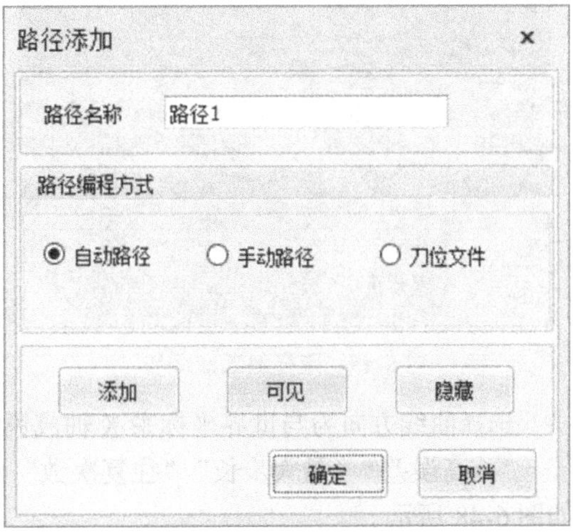

图 6-42 自动路径选择

图 6-43 "直接选取"元素产生方式

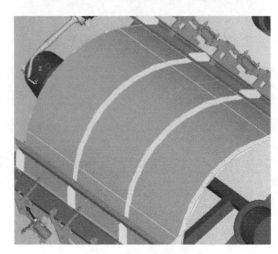

图 6-44 线元素产生面

（4）加工路径离散 将曲面方向设置为加工轨迹所在面的外侧，如图 6-46 所示。

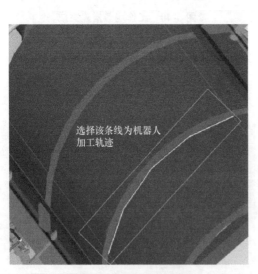

图 6-45 选择加工曲线段

图 6-46 曲面外侧选择

选择曲线方向为与世界坐标系 X 轴成锐角方向，如图 6-47 所示。

"弦高误差""最大步长""往复次数"选择默认，将该路径离散后单击【确定】按钮，如图 6-48 所示。

（5）编辑操作 单击【编辑点】按钮，进入"编辑点"窗口，点位 1 到点位 43 的 TCP

的 X 轴朝向不利于焊接加工，需要对其修改，将其绕 Z 轴转动 180°之后，单击【确定】按钮，如图 6-49 所示。修改后的路径如图 6-50 所示。

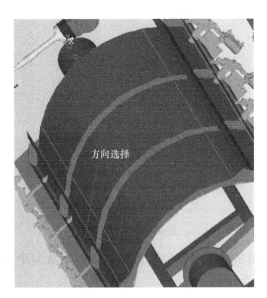

图 6-47 曲线方向选择

图 6-48 路径离散设置

图 6-49 路径点位姿态修改

图 6-50 路径修改完成

（6）外部轴策略设置　选择外部轴策略为"单变位机"，将参考方向设置为 {0, 0, 1}，区间角度设置为 {-2, 2}，趋近方式设置为"顺时针"，如图 6-51 所示。

（7）进退刀点设置　将偏移量设置为 20，依次为路径添加进刀点与退刀点，如图 6-52 所示。

图 6-51　变位机参数设置

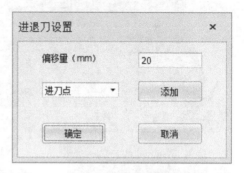

图 6-52　进退刀设置

（8）生成路径并仿真　完成以上设置后，单击【生成路径】按钮，路径生成完毕如图 6-53 所示，之后可对其进行仿真，验证机器人的运动轨迹。

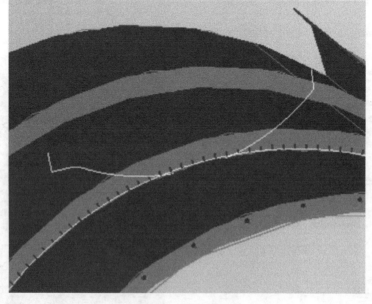

变位机策略

图 6-53　加工轨迹

思考与练习

判断题

1. InteRobot 软件中，当用户设置变位机策略中的参考方向时，无须考虑机器人期望点位的位姿。   （   ）

2. InteRobot 软件中，当用户设置了单变位机策略后，机器人工具主刀轴方向位于区间角度之内时，变位机转动。   （   ）

3. InteRobot 软件中，当用户创建了示教操作后，也需要设置变位机策略。 （   ）

问答题

4. 在单变位机策略设置完成并生成加工路径之后，用户利用后置处理可以输出机器人以及变位机的机器人控制代码。以 6.3.2 生成加工路径为例，其中变位机的控制代码包含了变位机的转角信息，如图 6-54 所示。

```
1  PROGRAM
2  WITH ROBOT
3  ATTACH ROBOT
4  ATTACH EXT_AXES
5  MOVES ROBOT P1 VTRAN=500.0000 CP=0.0000 armcmd=1 elbowcmd=2 wristcmd=1 starttype = sync
6  MOVE EXT_AXES {-42.3719,0.0000} starttype = sync    //变位机转动控制代码 变位机转动至-42.3719°
```

图 6-54 离线操作输出代码变位机部分

（1）基于单变位机策略生成的加工路径中，变位机的各个点位的转动角度与 InteRobot 软件中哪些参数有关？

（2）至少举出一种方法，使得如图 6-54 所示的变位机控制代码转角信息 ｛-42.3719，0.0000｝变小。

5. 对例 6.3.2 生成的加工路径补充过度点，使其成为完整的焊接加工轨迹，并对其进行仿真。

6. 请搭建仿真工作站，自行选用机器人、工具、变位机，导入如图 6-55 所示半径为 600mm 的圆筒工件，并利用 InteRobot 软件实现在圆筒的周面上加工一周。

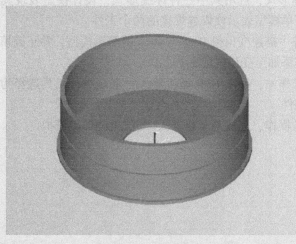

图 6-55 圆筒工件

【项目总结】

项目名称		
项目内容		
知识概述		
自我评价	分析能力	焊接仿真工作站组成分析
		变位机建模以及运动参数分析
		结合变位机完成工件焊接过程分析
	规划能力	变位机需求类型规划
	应用技能	基于机器人–变位机的示教及离线程序规划
		自定义变位机
		设置变位机运动及建模参数
		手动控制变位机运动
		基于机器人–变位机的示教操作创建及路径生成
		基于机器人–变位机的离线操作创建及路径生成

【项目拓展】

焊接工作站离线作业训练

离线编程的典型应用之一就是焊接，请三人一组。

1. 调研常见的焊缝形式，选用其中一种焊缝形式，设计模型表现其焊接工艺。并在其他建模软件中，搭建简单模型表示该焊缝焊接的两个工件。

2. 在其他建模软件中搭建变位机 Base 与 Axis 的简单模型，并正确填写其变位机的建模参数与运动参数，将其添加至变位机库中。

3. 搭建简易焊接工作站，导入 HSR 型机器人，末端执行工具选择为焊枪，导入自定义的变位机，导入焊接工件。

4. 创建离线或示教操作，完成基于机器人–变位机的焊接模拟。

项目七

生产线的搭建、编程与仿真

【项目目标】

◇ **知识目标**

1. 掌握机器人生产线仿真的基本原理。
2. 掌握创建工步的基本原理。
3. 掌握各个工步之间的关系及工步的分解原理。
4. 掌握创建仿真方案的基本原理。
5. 掌握信号量添加及触发器设置的基本原理。

◇ **能力目标**

1. 掌握模型导入并布局的基本方法。
2. 掌握工步创建的基本方法。
3. 掌握划分工步的基本方法。
4. 掌握添加信号量的基本方法。
5. 掌握触发器设置的基本方法。
6. 掌握生产线工作站仿真的基本方法。

【知识结构】

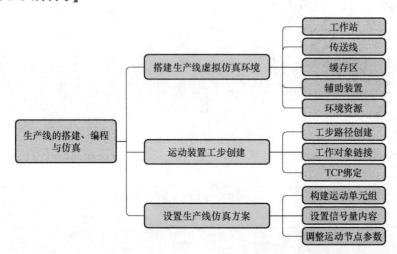

任务一　生产线仿真模型的导入与布局

【任务描述】

一条自动化生产线一般会由多种类型的设备组成，各设备之间独立或协同动作以实现生产加工目标。在仿真软件中搭建生产线模型时，首先就要将生产线中所有设备和装置模型导入到场景中，并将这些模型按照真实生产线的布局在软件中进行布局设置。本任务以自动化生产线的搭建为例，介绍在生产线仿真模块下进行设备模型布局的方法。通过学习本任务，可以掌握生产线模型的搭建方法，同时了解软件中设备模型的分类方法，最终完成如图 7-1

所示的生产线布局。

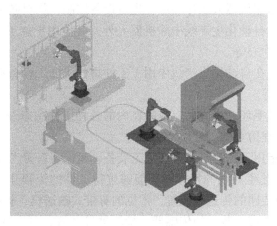

图 7-1 生产线仿真工作站

【知识准备】

7.1.1 自动化生产线设备认知

自动化生产线是通过多个设备的协调运动实现加工目标的，所以生产线仿真环境搭建时所需的模型数也是很多的，为便于用户进行搭建操作，就需要根据设备功能的不同进行分组，如图 7-2 所示。

（1）工作站 生产线工作站是指能够完成相对独立的一种作业或工序的设备组合，按照加工主体的不同，分为"机器人工作站"和"非机器人工作站"两种模式，它们之间以图 7-3 所示的"机器人组"和"操作员组"进行区分。

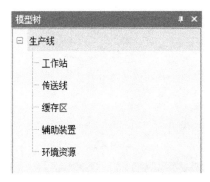

图 7-2 自动化生产线设备

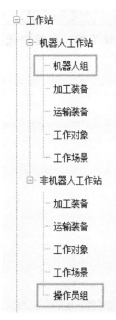

图 7-3 机器人工作站与非机器人工作站

1）机器人组　是指生产线中用到的所有型号机器人及其末端执行工具。

2）操作员组　是指非机器人工作站中，进行设备控制、物料搬运等工作的操作员工。

3）加工装备　是指自动化生产线中除机器人外，其他用于加工的设备装置，例如数控机床、数控铣床、加工中心等。

4）运输装备　是指在自动化生产线中用于工件物料或加工设备搬运的装置，例如 AGV 小车、机器人滑轨底座等。

5）工作对象　包括毛坯、半成品、成品在内的各种工件状态及其安放底座，即生产线仿真环境中进行工艺流程仿真的工件模型。

6）工作场景　是指用于配合机器人、加工装备、运输装备等工作站装置的辅助设备。

（2）传送线　自动化生产线的特点在于能够进行工件的流程化加工，所以就需要用于实现工件在加工设备间传递的传送线装置，常见的有带式输送机、板链输送机、滚筒输送机等多种类型。通过在传送带上装配的传感器、检测器等装置，可实现产品工件的自动上料、加工、包装、下料等工作。

（3）缓存区　生产线缓存区是用于工件存储的仓库，工业中比较常见的是立体仓库。将立体仓库存储区域划分后，按照工件模型的类型或加工状态进行存储，便于用户的管理与监控。

（4）辅助装置　辅助装置是指在生产线中不参与加工制造，而是用于工件模型的检测、标定、贴标签等功能的装置。例如 RFID 检测器、视觉检测装置等。

（5）环境资源　环境资源是指生产线仿真模型搭建过程中，与加工流程无关的设备模型。例如地板、防护栏、编程监控台等，这些模型的搭建只是用于使虚拟环境与实际生产线更加的相近，不参与生产加工过程仿真，因此将它们归类于生产线的环境资源。

【任务实施】

7.1.2　生产线模型的布局设置

启动软件并新建工程，在模块选择框中选择如图 7-4 所示的"生产线仿真"选项，进入生产线仿真模块。

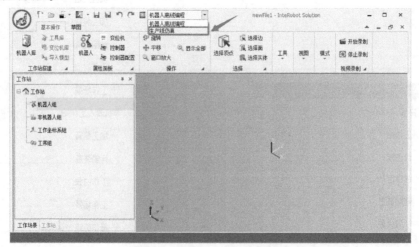

图 7-4　进入生产线仿真模块

单击左侧导航树下方的【模型树】按钮，切换到"模型树"窗口。"模型树"窗口的生产线根节点下就会生成如图7-5所示的工作站、传送线、缓存区、辅助装置以及环境资源五个部分。

图7-5 生产线模型树

（1）创建生产线仿真机器人工作站并导入模型 在生产线根节点下选择图7-6所示的"工作站"节点，单击鼠标右键之后选择"新建工作站"，进入"新建工作站"窗口。

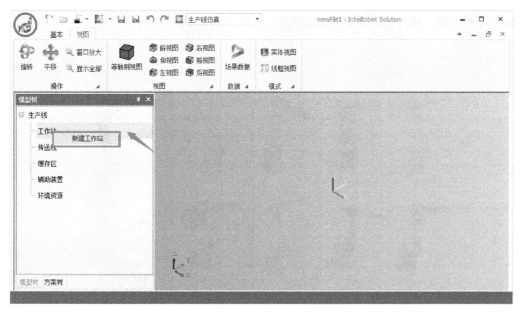

图7-6 新建工作站

本项目中的工作站包含机器人，所以在"工作站类型"中选择"机器人工作站"，之后修改"工作站名称"如图 7-7 所示，最后单击【确定】按钮，完成工作站的创建。新建成功后，左侧导航树中在"工作站"节点下新建了"生产线仿真工作站"子节点，并附带如图 7-8 所示的机器人组、加工装备、运输装备、工作对象、工作场景五个子节点。

图 7-7 "新建工作站"窗口

图 7-8 生产线仿真工作站新建后

1）机器人组。鼠标选中"机器人组"子节点，此时，菜单栏"机器人库"变为如图 7-9 所示的可用状态。单击"机器人库"，弹出如图 7-9 所示的"机器人库"窗口。根据本仿真工作站的实际需要，导入三台 HSR612 机器人，一台 HSR630 机器人。

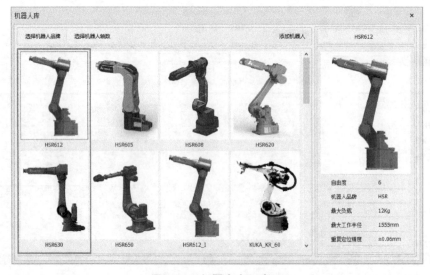

图 7-9 "机器人库"窗口

四台机器人全部导入后，机器人组子节点上增加如图 7-10 所示的机器人子节点。在视图窗口中，四台机器人均处在坐标原点处，机器人之间相互重叠。

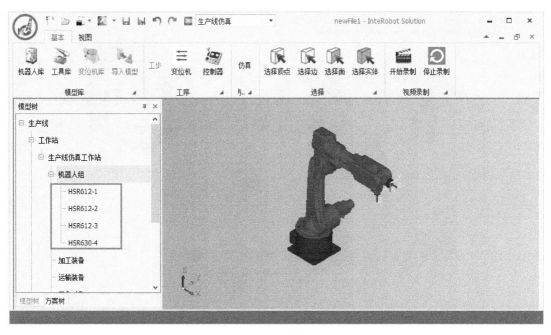

图 7-10 导入四台机器人后

鼠标选中"机器人组"子节点，此时，菜单栏"工具库"变为如图 7-11 所示的可用状态。单击"工具库"，弹出如图 7-12 所示的"工具库"窗口。根据本仿真工作站的实际需要，导入三个 tongs 工具，一个 Carving 工具。

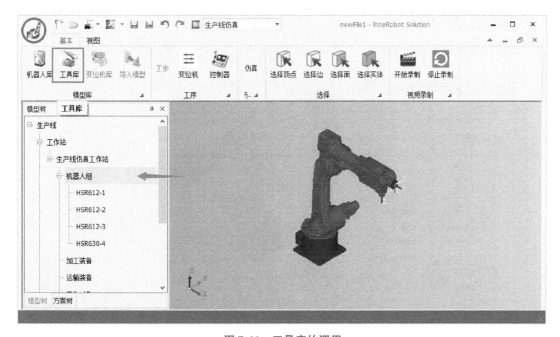

图 7-11 工具库的调用

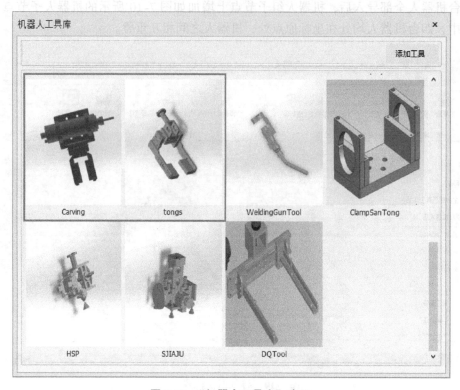

图 7-12 "机器人工具库"窗口

四个工具全部导入后，机器人组子节点上增加如图 7-13 所示工具子节点，在视图窗口中，四个工具均处在坐标原点处，工具之间相互重叠。

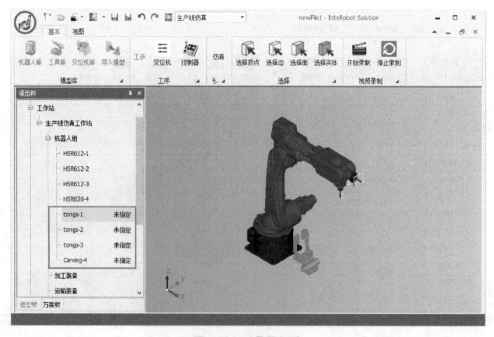

图 7-13 工具导入后

　　模型导入后就要修改机器人布局。如图 7-14 所示，在对应的机器人节点上单击鼠标右键，单击"布局"，弹出"模型布局"窗口。

图 7-14　调用布局功能

　　在"模型布局"窗口中修改机器人的位姿参数，例如按照图 7-15 所示参数将 HSR612 - 1 机器人设置完成后，单击【确定】按钮，视图中 HSR612 - 1 机器人就更新到参数位姿。

　　按照表 7-1 所示的参数将其余三个机器人调整至正确的位置，完成生产线中机器人的位置布局。

图 7-15　"模型布局"窗口参数设置

表 7-1　机器人布局参数表

HSR612 - 1 的布局参数
X = 1435.000，Y = 1247.295，Z = 989.000，RZ = 0.000，RY = 0.000，RZ' = 180.000。
HSR612 - 2 的布局参数
X = 4128.000，Y = 1450.525，Z = 684.000，RZ = 0.000，RY = 0.000，RZ' = 0.000。
HSR612 - 3 的布局参数
X = 7070.000，Y = 2406.367，Z = 684.000，RZ = 0.000，RY = 0.000，RZ' = 180.000。
HSR630 - 4 的布局参数
X = 7402.699，Y = 271.293，Z = 573.500，RZ = 0.000，RY = 0.000，RZ' = 180.000。

机器人是通过工具完成对应加工内容的，因此在将机器人导入完成后就要将工具安装至对应的机器人上。在工具节点单击右键，选择如图 7-16 所示的"安装"，弹出"末端执行器安装"窗口。

在如图 7-17 所示的"末端执行器安装"窗口的下拉菜单中选择工具所对应的机器人，单击【安装】按钮，视图中所选择的工具模型就会安装到机器人末端。单击【确定】按钮，完成末端执行器安装操作。

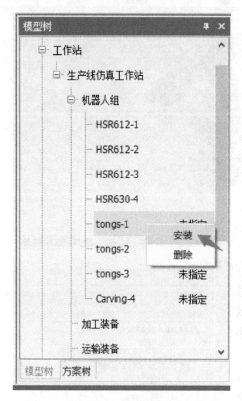

图 7-16　工具安装操作

图 7-17　"末端执行器安装"窗口

与机器人确定安装关系的工具，会在导航树工具节点后面显示所属机器人。之后通过相同的操作步骤将其余工具按照图 7-18 所示的连接关系进行安装。

2）加工装备。鼠标选中如图 7-19 所示的加工装备子节点，此时，菜单栏"导入模型"变为可用状态，单击"导入模型"，弹出"导入模型"窗口，也可在"加工装备"子节点右键单击"导入模型"，打开同样的窗口。

"导入模型"窗口如图 7-20 所示，导入模型要求全英文路径和英文名称的 STL、STP、STEP 或 IGS 模型文件。"模型名称"会自动读取模型文件名称，用户也可自行修改。在"导入模型"窗口中可设置模型的名称、颜色以及位置信息等。

生产线仿真工作站中的工件模型需要进行涂装和雕刻两个加工过程，因此分别导入雕刻平台 CarvingPlatform 与涂装平台 SprayingPlatform。模型导入完成后按照表 7-2 所示的参数进行加工装备的颜色及布局调整，表中布局参数都基于模型原点坐标系相对于世界坐标系的位置表示，布局完成后视图中的模型位置如图 7-21 所示。

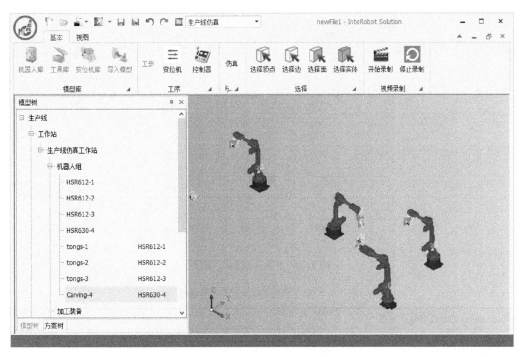

图 7-18　工具安装后

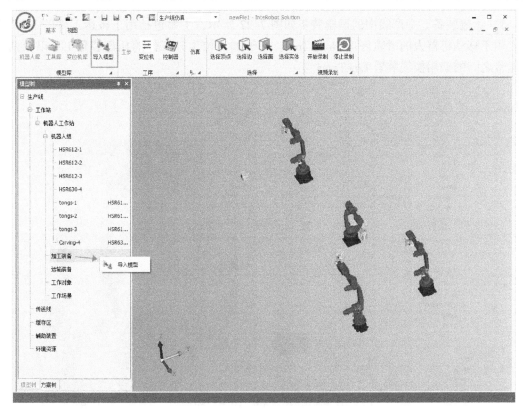

图 7-19　导入模型功能调用

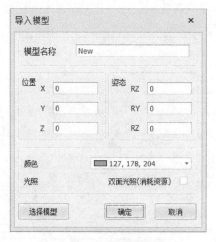

图7-20 "导入模型"窗口

表7-2 加工装备的颜色与布局参数表

CarvingPlatform 的颜色参数：蓝色
布局参数：X = 0.000, Y = 0.000, Z = 0.000, RZ = 0.000, RY = 90.000, RZ′= 90.000。
SprayingPlatform 的颜色参数：银色
布局参数：X = 0.000, Y = 0.000, Z = 0.000, RZ = 0.000, RY = 90.000, RZ′= 90.000。

3）运输装备。生产线中的运输装备如图7-22所示，主要包括用于搬运工件的 AGV 小车、用于移动机器人的滑轨底座 RobotTray、用于加工位顶升工件的托盘装置 Lift 以及两条传送带之间的搬用换线装置 LineTrans。

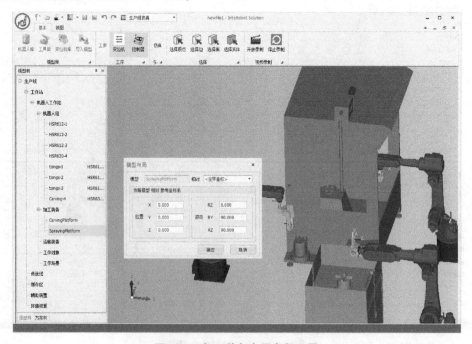

图7-21 加工装备布局参数设置

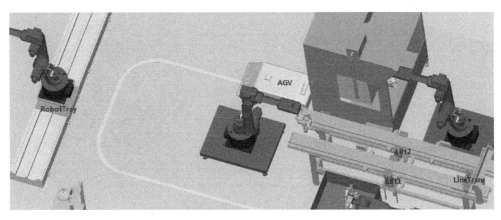

图 7-22　仿真工作站的运输装备

通过相同的操作步骤将上述模型导入之后，按照表 7-3 中的参数进行颜色及布局调整，布局完成后视图中的模型位置如图 7-23 所示。

表 7-3　运输装备的颜色及布局参数表

Lift1：颜色参数：黑灰色
布局参数：X = 6480.000，Y = 1246.370，Z = 585.000，RZ = 0.000，RY = 0.000，RZ′ = 0.000。
Lift2 颜色参数：黑灰色
布局参数：X = 6480.000，Y = 1646.370，Z = 585.000，RZ = 0.000，RY = 0.000，RZ′ = 0.000。
Robottray 颜色参数：银色
布局参数：X = 1435.000，Y = 1247.295，Z = 480.000，RZ = 0.000，RY = 0.000，RZ′ = 0.000。
AGV 颜色参数：白色
布局参数：X = 4314.540，Y = 2396.370，Z = 50.000，RZ = 0.000，RY = 0.000，RZ′ = 0.000。
LineTrans 颜色参数：黑灰色
布局参数：X = 7728.550，Y = 1245.830，Z = 1225.000，RZ = 0.000，RY = 0.000，RZ′ = 90.000。

图 7-23　运输装备布局完成后

4）工作对象。工作对象是指在生产线中进行工艺流程的工件。当工件运输过程中需要托盘时，将托盘也添加在工作对象的分组中。根据本仿真工作站的实际需要，导入上述相关的模型文件，如图 7-24 所示，之后按照表 7-4 中所示的参数为工作对象设置颜色及布局。

图 7-24　导入工作对象模型

表 7-4　工作对象的颜色及布局参数表

Workpiece 颜色参数：紫色
布局参数：X = 185.000，Y = 172.295，Z = 1472.000，RZ = 0.000，RY = 0.000，RZ′ = 0.000。
Tray 颜色参数：灰色
布局参数：X = 185.000，Y = 172.295，Z = 1472.000，RZ = 0.000，RY = 0.000，RZ′ = 90.000。

5）工作场景。自动化生产线中的工作场景模型为如图 7-25 中所示的滑动机器人导轨 GuideRail、机器人支撑平台 Base 以及 AGV 导轨路线 PATROLLINE。根据本仿真工作站的实际需要，导入上述相关的模型文件，之后按照表 7-5 中所示的参数为工作对象设置的颜色及布局。

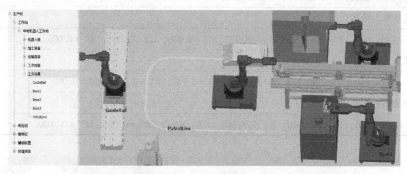

图 7-25　工作场景导入后

表 7-5　工作场景对象的颜色及布局参数表

GuideRail 颜色参数：亮黄色
布局参数：X = 0.000，Y = 0.000，Z = 0.000，RZ = 0.000，RY = 90.000，RZ′ = 90.000。
Base1 雕刻机器人底座颜色参数：灰色
布局参数：X = 0.000，Y = 0.000，Z = 0.000，RZ = 0.000，RY = 90.000，RZ′ = 90.000。
Base2 上下料机器人底座颜色参数：灰色
布局参数：X = 0.000，Y = 0.000，Z = 0.000，RZ = 0.000，RY = 90.000，RZ′ = 90.000。
Base3 喷涂机器人底座颜色参数：灰色
布局参数：X = 0.000，Y = 0.000，Z = 0.000，RZ = 0.000，RY = 90.000，RZ′ = 90.000。
PatrolLine 小车的导轨路线颜色参数：黄色
布局参数：X = 0.000，Y = 0.000，Z = 0.000，RZ = 0.000，RY = 90.000，RZ′ = 90.000。

注意：对于具有工步运动的设备模型，例如 AGV、机器人滑轨底座等设备，所进行的工步运动是以坐标系为基准进行的，因此在建模时要将该模型的原点坐标系建立在模型上，而不能偏移到其他地方。

（2）导入传送线 生产线中所用的传送线为如图 7-26 所示的带式输送机 ConveyerBelt，按照表 7-6 中的参数信息将传送带的颜色与布局设置完成后，该模型就会显示到视图中的对应位置。

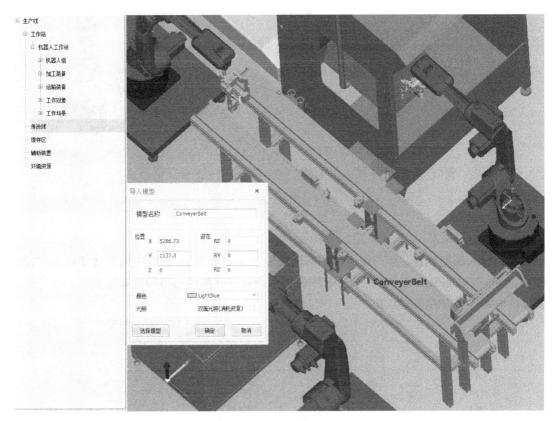

图 7-26 传送线导入后

表 7-6 传送线的颜色及布局参数表

ConveyerBelt 颜色参数：亮蓝色
布局参数：X = 5286.730，Y = 1137.300，Z = 0.000，RZ = 0.000，RY = 0.000，RZ' = 0.000。

（3）导入缓存区 生产线中所用的缓存区为如图 7-27 所示的立体仓库 MaterialPlatform，按照表 7-7 中的参数信息将传送带的颜色与布局设置完成后，设备模型就会显示到视图中的对应位置。

表 7-7 缓存区的颜色及布局参数表

MaterialPlatform 颜色参数：白色
布局参数：X = 0.000，Y = 0.000，Z = 0.000，RZ = 90.000，RY = 90.000，RZ' = 90.000。

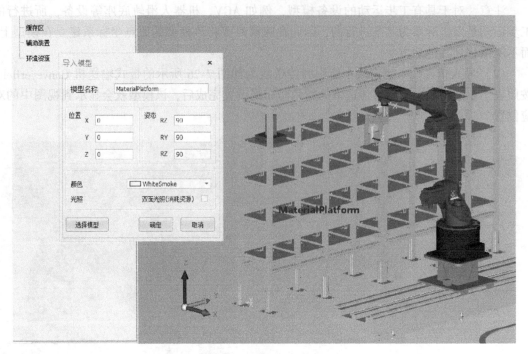

图 7-27　缓存区导入后

（4）导入辅助装置　生产线中所用的辅助装置为如图 7-28 所示的用于视觉检查的检测台 VisualinspectionPlatform，按照表 7-8 中的参数信息将其颜色与布局设置完成后，设备模型就会显示到视图中的对应位置。

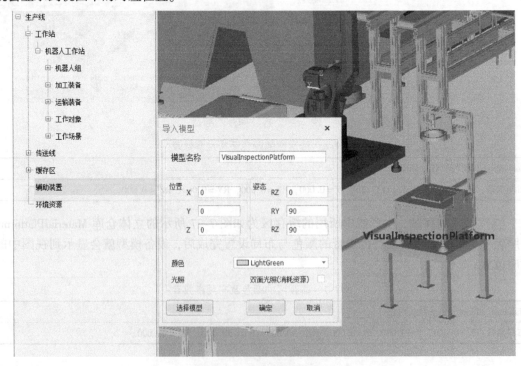

图 7-28　辅助装置导入后

表7-8 辅助装置的颜色位置参数表

VisualinspectionPlatform 颜色参数：亮绿色
布局参数：X = 0.000，Y = 0.000，Z = 0.000，RZ = 0.000，RY = 90.000，RZ′ = 90.000。

（5）导入环境资源　生产线中所用的环境资源为如图7-29所示的用计算机桌 Desk 以及地板 Floor，按照表7-9中的参数信息将其颜色与布局设置完成后，设备模型就会显示到视图中的对应位置。

生产线模型导入

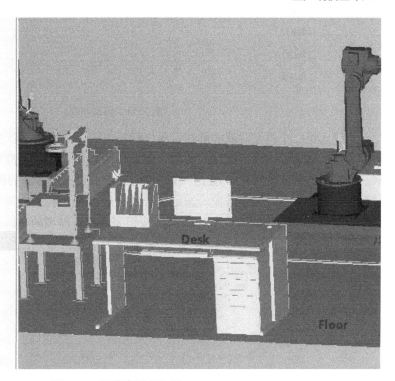

图7-29 环境资源导入后

表7-9 环境资源的颜色及布局参数表

Desk 颜色参数：亮青色
布局参数：X = 0.000，Y = 0.000，Z = 0.000，RZ = 0.000，RY = 90.000，RZ′ = 90.000。
Floor 颜色参数：淡紫色
布局参数：X = 8000.000，Y = −2000.000，Z = −2.000，RZ = 90.000，RY = 90.000，RZ′ = 90.000。

【任务拓展】

7.1.3　机器人阵列功能

在"机器人组"子节点中选中导入的机器人型号并单击右键，在弹出的菜单中单击如图7-30所示的"布局"，打开"模型布局"窗口。导入第一个模型时，在"模型布局"窗口中就只能默认相对〈世界坐标〉进行位姿调整。

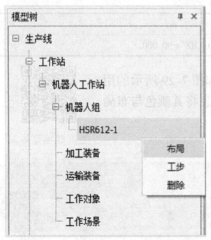

图 7-30　模型布局

当导入第二个模型时就能够在世界坐标系与第一个模型位姿之间选择一个作为参考进行位姿调整。随着导入模型数目的增加，能够作为布局参考的基准也随之增加，如图 7-31 所示。这种操作模式使用户搭建生产线环境时，能够进行设备间的位置调整，避免在加工运行时出现位置不可达或发生碰撞。选定相对坐标后，在"模型布局"窗口的"位置"与"姿态"中填写对应的参数，单击【确定】按钮完成设备模型的布局。

图 7-31　布局相对位置

对于存在有行列排布规律的机器人组，例如图 7-32 所示的多工件打磨生产线，软件为用户的使用提供了机器人阵列功能。

单击"机器人组"子节点后，单击右键选择"管理"，弹出如图 7-33 所示的"机器人组管理"窗口。

在"机器人"下拉选择框中选择要进行阵列的机器人型号，通过勾选"方向 1""方向 2"选项激活参数设置。参数设置主要包括如图 7-34 所示的三部分内容，选择方向轴用于控制机器人进行阵列的方向，进行机器人阵列时最多可同时添加两个方向，但必须保证两方向是不同轴；"间距"数值用于控制所阵列出的机器人坐标原点的间距值；"个数"数值用于控制机器人在该阵列方向上包括本体在内的机器人个数。

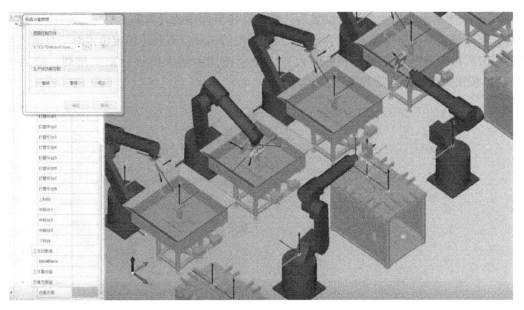

图 7-32　机器人布局阵列

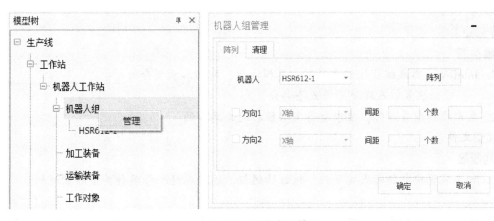

图 7-33　机器人组管理

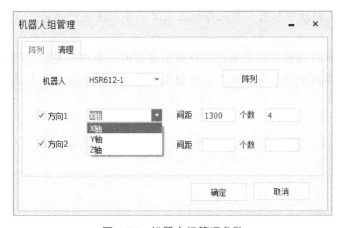

图 7-34　机器人组管理参数

以图 7-35 所示参数为例进行设置后，单击操作界面中的【阵列】按钮，软件工作环境就会按照所设置参数将机器人进行阵列。当阵列出的机器没有到达预定位置时，只需将参数进行修改后再次单击【阵列】按钮，机器人就会按照新输入值进行重新排列，最后单击【确认】按钮完成机器人阵列操作。

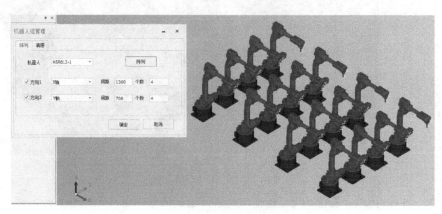

图 7-35　机器人阵列完成

思考与练习

填空题

1. InteRobot 离线编程软件生产线仿真模块中，将仿真模型分为_____、_____、_____、辅助装置以及环境资源五个部分。

2. 生产线模型导入时，要求全英文路径和英文名称的_____、_____、_____或 IGS 模型文件。

判断题

3. 加工装置中包括带式输送机、板链输送机、滚筒输送机等多种类型的输送机。
（　　）

4. 机器人工作站中包括机器人组、加工装备、运输装备、工作对象以及操作员组五个部分。　　　　　　　　　　　　　　　　　　　　　　　　　　　　（　　）

5. 生产线仿真模块中机器人导入与机器人工具导入没有严格的先后顺序。（　　）

问答题

6. InteRobot 离线编程软件是如何区分模型类型的，各模型类型之间的区别是什么？

7. InteRobot 离线编程软件在进行各种模型的导入时有何相同点与不同点？

任务二　运动装置的工步创建

【任务描述】

在自动化生产线中，同一台设备可能会有若干个离散的工作任务，这些任务的执行位置和任务路径可能也各不相同，InteRobot 软件引入"工步"的概念来定义设备的每个任务，一个设备可以定义一个或者多个工步，工步的执行顺序由信号进行控制。通过学习本任务，可以掌握生产线中运动设备工步的创建方法，同时了解设备模型工步划分的基本思路；其次，掌握通过 InteRobot 离线编程软件直接进行工步生成的方法。

【知识准备】

7.2.1　设备模型的工步划分

生产线系统仿真的实现关键其一是单个仿真设备所执行的任务与其触发条件，其二是设备之间的耦合关系。在 InteRobot 软件中，单个仿真设备执行的任务需要划分为多个动作，其每一个动作执行的触发条件为信号量，而每一个动作需要划分为多个顺序执行的运动片段进行创建，即划分为多个工步。

工步是指设备装置的运动状态、工具与工件的配合状态等不发生变化的情况下，所连续完成的那一部分作业流程。以图 7-36 中所示的 HRS612 型机器人为例，它在生产线中用于 AGV、立体仓库以及视觉检测平台之间的物料搬运工作。在不考虑机器人滑轨的位移运动时，根据其运动状态的变化能够分解为 11 个工步内容。

图 7-36　HRS612 物料搬运

工步 1：机器人由初始位置移动到货架取料点，之后机器人将通过工具夹取工件进行联合运动，即机器人的运动状态发生了变化，所以将其划分为一个工步。

工步 2：当机器人由货架取出工件并回到安全位置后，由于货架取料点与 AGV 放料点不在同一位置，只能控制机器人滑轨移动到相应点后才可进行放料操作，因此将机器人取料后变换到安全姿态划分为一个工步。

工步 3：当移动滑台到达放料点位后，机器人将工件放置到 AGV 小车上，这时机器人工具与工件脱离，即机器人运动状态变为独立运动，所以将机器人放料到 AGV 小车上的过程划分为一个工步。

按照相同的划分方法可以将 HRS612 型机器人的其余动作划分为 8 个工步内容，分别为：

工步 4：机器人由放料位回到安全位置。

工步 5：当工件加工完成后，机器人到达 AGV 小车取料点。

工步 6：取料完成后，机器人回到安全位置。

工步 7：机器人将工件放置到检测台上进行检测。

工步 8：机器人回到检测点的安全位置，等待工件检测完成。

工步 9：机器人将工件由检测台取回，并回到安全位置。

工步 10：机器人将工件放置到货架的放料点位。

工步 11：机器人回到最初的起始状态。

将生产线中所有设备装置的工步运动划分并创建完成之后，按照工艺顺序调用对应工步内容，就能够实现生产线整体仿真运动。

【任务实施】

7.2.2 创建机器人工步

进行工步创建时，在软件模型树的下拉列表中选择待添加工步运动的模型名称，之后单击鼠标右键，在弹出的菜单中选择"工步"，打开"创建工步"窗口。由于机器人与其他设备装置的工作方式不同，在进行工步创建时所打开的窗口也是不同的。如图 7-37 所示选择 HSR612 - 1 机器人，按步骤打开"创建工步"窗口。

在操作界面的"路径"区域，单击【导入路径】按钮，

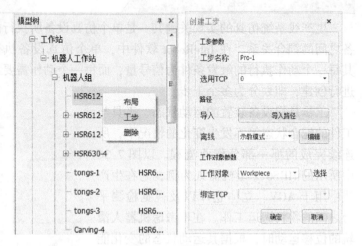

图 7-37　创建工步

通过文件夹路径找到相应驱动文件。选择 HSR612 - 1 机器人的第一个路径文件"MaterialRobot - 01 - GetObject. PRG"，之后单击【打开】按钮，完成路径文件的导入操作，如图 7-38 所示。

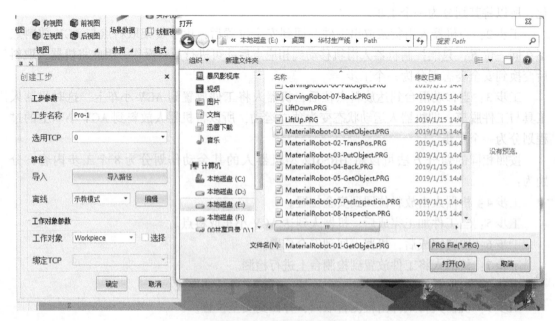

图 7-38　导入路径文件

导入文件后,"创建工步"窗口中的工步名称将默认变为所导入的文件名称。由于不同工步状态下工具用于加工的部位可能不同,所以在导入路径文件后还应选择对应的工具 TCP,避免在进行机器人仿真时出现碰撞或运动干涉而无法实现的情况。

HSR612 – 1 机器人的第一个工步为机器人由初始位置移动到货架取料点,即机器人只进行独立运动,在"选用TCP"中输入"0"后,单击【确定】按钮,完成工步创建步骤,如图 7-39 所示。

在部分工步仿真运动中,工具模型会带动工件模型进行运动,这时就要将工件模型与工具模型进行连接。在"工作对象"下拉选择框中选择工件模型后,通过勾选"选择"激活"绑定 TCP",在列表中选择不同的 TCP 序号时,软件窗口中的工件就会移动到相应的位置处,便于用

图 7-39 选用 TCP

户进行 TCP 序号的选择。在"工作对象"中选择多个模型后,当机器人进行运动时,就会带动所选中的所有模型一起进行运动。

例如 HSR612 – 1 机器人的第二个工步为机器人由货架取出工件并回到安全位置,所以工件与工件底座模型要跟随机器人工具进行移动。在导入工步文件"MaterialRobot – 02 – TransPos. PRG"后,分别对工作对象"Workpiece"与"Tray"勾选"选择",并绑定在 TCP 序号为"0"的位置处,单击【确定】按钮,完成第二个工步的创建,如图 7-40 所示。

图 7-40 绑定工件

在将相关参数设置完成后,工件模型就会恢复到初始位置,该机器人子节点下就会出现该工步的子节点,如图 7-41 所示。

按照相同的操作步骤,完成所有机器人的工步创建操作,机器人的工步划分及设置参数如附表1所示。

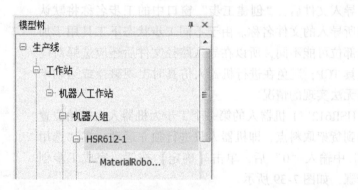

图 7-41　工步创建成功后节点状态

7.2.3　创建其他设备工步

当工步创建对象为运动对象中的其他设备模型时，选中模型并单击鼠标右键打开如图 7-42 所示的"创建工步"窗口。由于这类设备模型不能够使用工具库中的工具模型，所以在工步参数选项栏中缺少了"选用 TCP"一项。

例如在创建 AGV 小车的第一个运动工步小车前进到货架处时，即 AGV 小车由起始点 A 处移动到货架点 B 处，由于不需要进行"选用 TCP"，所以在将工步路径文件"AgvPath＿Front1. PRG"导入后，就可以单击【确定】按钮，完成创建。

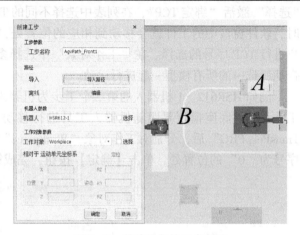

图 7-42　其他设备的工步创建

对生产线中用于进行工件模型搬运的设备进行工作对象连接时，其操作方式与机器人相同，由于设备模型没有 TCP 工具，所以在对工作对象进行连接时，只能够通过固定工作对象与运动单元的相对位置进行设置。但有一部分装置是用于对工作设备进行移动，例如机器人的滑动底座。这种类型设备的连接对象为机器人模型而不是工作对象，所以在"创建工步"窗口中增加了"机器人参数"设置。在"机器人"下拉选择框中选择对应机器人型号后，通过勾选"选择"使机器人与设备模型创建连接，当设备模型进行移动时，也将按照布局时的位置关系带动机器人模型进行运动，如图 7-43 所示。

例如机器人滑轨底座进行运动的三个工作点为 AGV 小车取放料位置点、立体仓库取料位置点、立体仓库放料位置点，即图 7-44 中所示的 A、B、C 三点。在机器人由立体仓库进行取料之前，就需要滑轨底座由 C 点位置移动到 B 点位置，即机器人滑轨底座的第一个工步。由于这个工步是滑轨底座带动 HSR612－1 机器人进行移动，所以在导入工步路径文件"RobotTray_CtoB. PRG"之后，需要在"机器人"下拉选择框中选中"HSR612－1"，并勾选"选择"，最后单击【确定】按钮，完成工步创建。

当创建工步运动的对象需要同时连接机器人模型以及工件模型时，就可以通过在同时设

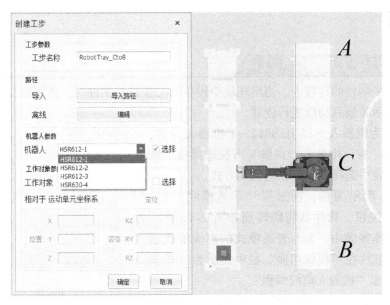

图 7-43 工步创建

置"机器人参数"与"工作对象"实现同步运动。

例如机器人滑动底座运行第二个工步内容小车由立体仓库取料位移动到 AGV 小车放料位,即由 *B* 工作点位移动到 *A* 点位置,导入工步文件"RobotTray_BtoA. PRG",并连接机器人"HSR612 - 1"。由于在此工步中,工件模型也要随之进行运动,所以在工作对象中分别选择"Workpiece"与"Tray"之后激活"相对于运动单元坐标系"设置。按照图 7-44 所示设置两个工件模型的"位置"与"姿态"参数,最后单击【确定】按钮完成工步创建。

按照相同的操作,根据附表 2 所示参数内容,完成剩余设备装置的工步创建操作。

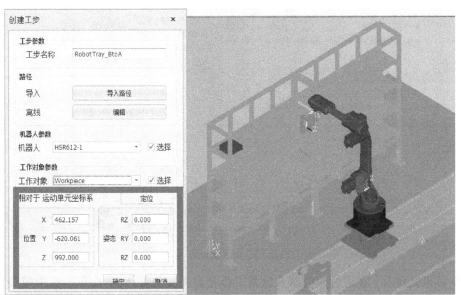

生产线设备
工步创建

图 7-44 固定工作对象与运动单元的相对位置

【任务拓展】

7.2.4 生产线工步动作创建

在进行工步创建的过程中，当出现缺少设备的工步路径文件时，还可以在软件中通过离线编程或离线示教编程功能进行创建。

（1）对象为机器人 以 HSR612－1 机器人为例，在"创建工步"窗口中单击"离线"下拉选择框，就可以在下拉列表中选择工步路径的创建方式。

以图 7-45 所示为例，在选择"示教模式"后，单击【编辑】按钮，软件就将跳转到如图 7-46 所示的示教工步操作界面中。为与普通模式的离线示教编程进行区别，软件在"模块切换"栏中显示为"工步离线编程"而非"机器人离线编程"。

由于所进行的工步创建对象为 HSR612－1 机器人，所以在机器人组子节点中，也会自动创建相应的机器人模型及其工具。同时工序组子节点也会根据所选工步创建方法的不同，生成路径创建操作的子节点，如图 7-47 所示，之后用户就可以通过相应的操作方式生成工步轨迹路径。

设备工步路径创建完成之后，单击菜单栏中的"返回"，操作界面就将跳转回生产线仿真模块，如图 7-48 所示。

图 7-45 机器人工步离线编程功能调用

图 7-46 机器人工步离线编程

（2）对象为非机器人 在进行非机器人设备工步创建时，例如 AGV 小车。选中模型后单击鼠标右键，打开如图 7-49 所示的"创建工步"窗口。

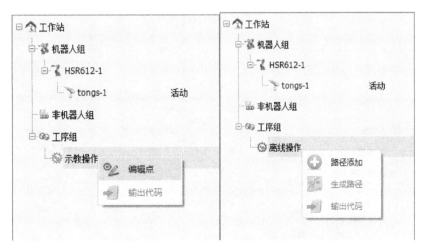

图 7-47　工步离线编程树结构菜单

图 7-48　返回生产线仿真模块

单击【编辑】按钮，操作界面由生产线离线编程切换为工步离线编程。在生成的工作站导航树中，进行工步创建的 AGV 小车模型生成在"非机器人组"节点中，如图 7-50 所示。当单击机器人组与工序组时不会激活任何操作。

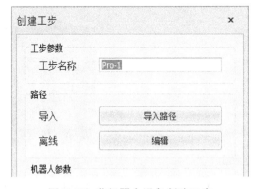

图 7-49　非机器人设备创建工步

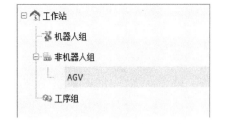

图 7-50　非机器人设备切换到工步离线编程

选中 AGV 并单击鼠标右键，就会弹出如图 7-51 所示的菜单。单击"路径规划"，打开"添加路径"窗口，在窗口中显示有"逐点添加"与"直接选取"两种添加方式。

1）逐点添加。逐点添加方式即将设备运动路径划分为多个关键点，之后将每一个点逐次添加到场景中。如图 7-52 所示，在"定位下一路径点"中，用户可以单击【拾取定位】按钮，在模型中进行点位拾取，之后通过更改"位姿增量"中的参数进行调整。当用户拥

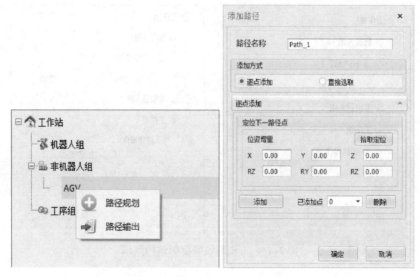

图 7-51　非机器人设备路径规划

有目标点位数据时，可直接通过在"位姿增量"中添加参数进行点位创建。

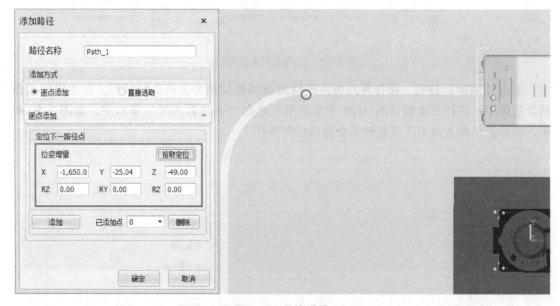

图 7-52　位姿增量

通过【拾取定位】按钮进行点位添加的方式只能用于 stp、tep、igs 格式的模型文件选取，同时也只能够选取模型现有点。

将点位信息创建完后，单击【添加】按钮，则 AGV 小车模型就会移动到所创建点位处，同时"已添加点"下拉选择框中新增出"1"号点位，如图 7-53 所示，即表示设备模型的初始位置点。

当所创建点没有达到预期效果时，单击【删除】按钮，所添加点位将被删除，但模型位置不会恢复到前一点位置。

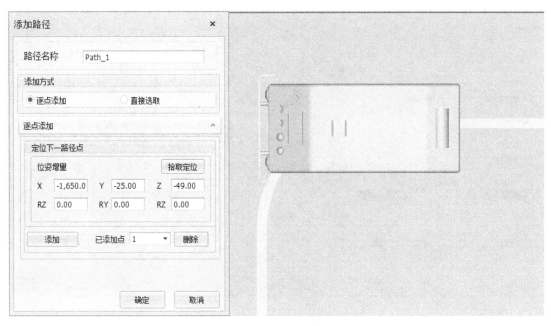

图 7-53 路径点位添加

2）直接选取。直接选取即在仿真环境中直接选取设备运动路径。如图 7-54 所示，在单击【选线】按钮后，点选 AGV 磁条路径的边界线，被选中的边就会高亮显示，同时在窗口中显示出该线条的对象号。

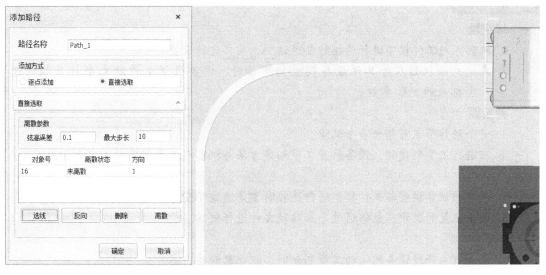

图 7-54 路径点位直接选取

"离线参数"设置中的"弦高误差"与"最大步长"的参数含义与离线编程相同，由于选中轨迹为曲线，所以修改弦高误差为图 7-55 中所示的"1"。被选取的运动路径"方向"参数默认为"1"，即 Z 轴方向竖直向上，当单击【反向】按钮时，Z 轴方向就变为竖直向下，同时"方向"参数变为"−1"。

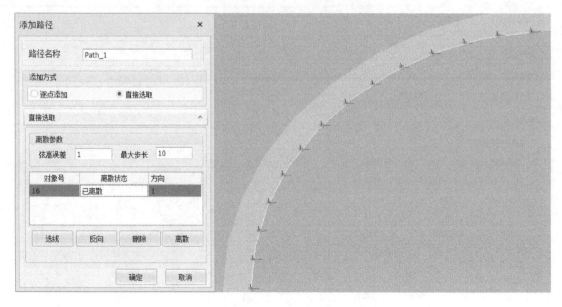

图 7-55　路径点位离散

　　在将参数按照图 7-55 所示设置完成后，选中窗口中路径信息并单击【离散】按钮，就完成了机器人运动路径点的创建，如图 7-55 所示。在将路径名称修改完成后，单击【确定】按钮，完成设备模型的工步创建。

思考与练习

填空题

1. 机器人与工件模型进行连接时要通过　　　　　　进行设置。

2. 在进行除机器人外其他设备模型的连接时，需要设置工作对象坐标系相对于　　　　　坐标系的定位参数。

判断题

3. 一个动作节点可包含多个工步。　　　　　　　　　　　　　　　　　　（　　　）

4. 在进行工步创建时，设备装置工步创建方法与机器人工步创建方法完全相同。

（　　　）

5. 所有的设备模型与工件模型进行连接时都是通过 TCP 参数进行设置。　　（　　　）

6. 设备装置的工步只能够通过导入路径文件进行创建。　　　　　　　　　（　　　）

问答题

7. 在进行生产线设备的运动工步划分时，应注意哪些内容？

8. 哪种类型的设备在软件中不能够进行工步创建？

9. 在工步离线编程操作界面中能否添加机器人模型？会对生产线有什么影响？

10. 在工步离线编程操作界面中能否更改轨迹路径的创建方式？

任务三 生产线仿真方案创建

【任务描述】

所有运动设备的工步都设置完成后，就可以根据真实生产线工艺流程设置仿真环境中生产线各个设备模型的动作顺序。InteRobot 软件为用户提供了运动单元组、信号量组、动作节点组和触发器四个可以自行配置的模块，通过多种配置组合实现不同的生产工艺流程。通过学习本任务，可以掌握仿真方案的设置方法，同时了解各部分设置间的逻辑关系以及实现功能，最终完成生产线的全流程仿真模拟。

【知识准备】

7.3.1 生产线仿真方案认知

加工设备工艺流程的工步划分，就是将装置的独立运动进行碎片化。这时的仿真运动是无序的，因此需要通过流程方案进行工步排序规划。InteRobot 离线编程软件中创建仿真方案需要进行运动单元、信号量、运动节点以及触发器共四个方面的设置。

（1）设置仿真方案的触发器　触发器用于触发仿真方案和结束仿真方案，有初始触发器与终止触发器两种类型，可设置的内容相同。触发器有两种触发源，一是工作对象位置，二是信号量状态。例如，当设置工作对象 1 到指定位置作为触发动作，仿真时，将首先执行触发器中的触发动作，即将工作对象 1 放置到指定位置，而后触发后续仿真。当设置信号量状态作为触发动作条件时，即表示在仿真时，将首先将信号量状态触发为选中状态。终止触发器的原理与初始触发器相同，用于在生产线最后一个动作节点执行完成后，触发指定内容。

（2）选择生产线的运动单元　创建仿真方案就是将设备模型的运动进行排序组合，因此只需要对涉及工步的模型进行设置。运动单元组就是将生产线中拥有工步内容的设备选出，减少动作节点创建时的备选模型，便于用户进行后续操作。选择完成后，仿真方案树的动作节点组下，将显示所选运动单元。

（3）创建设备模型的运动节点　在进行工步创建时是根据设备模型的运动状态发生变化的节点进行划分的，所以有时会将设备装置的连续运动划分为多个工步。当生产线中设备运动较为复杂时，通过直接调用工步进行运动时所需的信号数量也会很多，这在操作时是很不便的。因此软件添加了运动节点这一层级结构，通过将连续运动的工步整理为一个运动节点，在操作时只需要调用该运动节点，就能够完成设备的连续运动，减少了信号量的数目，便于用户进行运动设置。

（4）添加生产线信号量　生产线信号量设置即将生产线中各设备的工步按照逻辑进行顺序排列，在对工步的顺序进行排列时分为本次工步以及下一阶段工步两类。软件提供的逻辑选项中，"开始后空闲"与"开始后占用"两种选项用于本次工步设置，"结束后空闲"与"结束后占用"用于下一阶段工步的设置，"默认"则表明按照工步内容完成后信号量不发生变化，如图7-56所示。

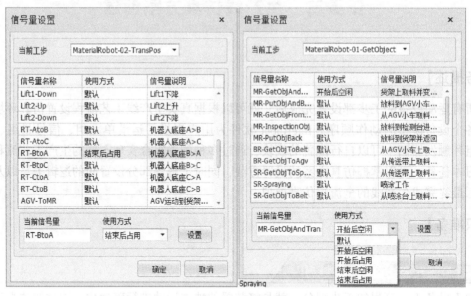

图7-56　信号量设置

以图7-56中的信号量设置为例，将信号量"MR-GetObjAndTrans"设置为"开始后空闲"，即表明，在当前工步"MaterialRobot-01-GetObject"工步完成后，信号量将处于空闲状态。将信号量"RT-BtoA"设置为"结束后占用"，即表明在当前工步"MaterialRobot-02-TransPos"工步完成后，将会给"RT-BtoA"信号量发送一个"占用"指令。

但并不是所有的工步都需要设置信号量状态，当工步内容与动作节点之间没有承接关系时，则设置为"默认"状态。

（5）执行条件的设置　执行条件的触发源设置，也就是将信号量或运动单元的工作状态，作为触发该动作的条件进行设置。对于一个动作内容，可以设置多个触发要求，即同时设置多个逻辑条件进行控制。

以图7-57所示的执行条件为例，其中的"逻辑语句"表明：当信号量A的状态为"占用"，同时信号量B的状态为"空闲"的情况下，才会执行相应的工作内容。当其中任意一个信号量不满足所设定要求时，都不能够触发动作内容。

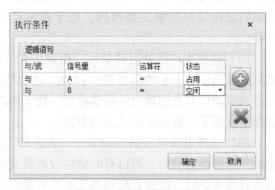

图7-57　触发器执行条件

【任务实施】

7.3.2　生产线仿真方案搭建

（1）新建方案项目　单击导航栏下方的【方案树】按钮，切换到对应操作窗口。选择

"仿真方案组"根节点后单击鼠标右键并选择"创建方案",如图 7-58 所示。在弹出的"创建仿真方案"对话框中修改方案名称,例如"华材仿真方案",最后单击【确定】按钮,完成仿真方案创建。

图 7-58　创建仿真方案

仿真方案节点创建完成后,就会展示整体方案节点:触发器、运动单元组、动作节点组与信号量四个节点,如图 7-59 所示。

(2) 运动单元组的创建　选中"运动单元组"节点并单击鼠标右键,单击如图 7-60 中所示的"选择"。

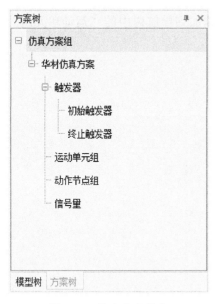

图 7-59　仿真方案节点　　　　　　　图 7-60　"运动单元组"节点

打开仿真方案的运动单元组节点"选择"窗口,如图 7-61 所示,就可以进行运动单元的选择操作。在选中要添加的模型名称后,单击 ⇨ 按钮即可逐个添加选择的运动单元;当勾选"全选"后单击 ⇨ 按钮,就能够将所有模型添加到运动单元组中。当选择错误时,在"已选择运动单元"选项框中选择要修改的设备名称,之后单击 ⇦ 按钮,就能够将所选择的运动单元删除。

生产线的整体仿真，即将设备模型的工步进行逻辑连接，因此运动单元组的创建就是将本项目中具有工步运动的模型进行选择。

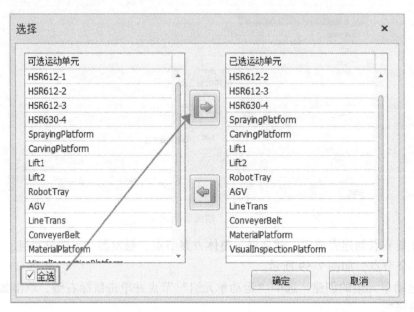

图7-61 运动单元"选择"窗口

将运动单元创建完成后，所添加的运动单元会添加到导航树中的"运动单元组"节点下，如图7-62所示。

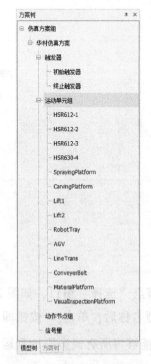

图7-62 添加运动单元后

（3）信号量组的添加　在生产线中，一个信号量代表一个动作节点的运行。选择"信号量"节点之后单击鼠标右键并选择"添加"，如图 7-63 所示，之后就能够进行信号量添加操作。

"信号量添加"窗口如图 7-64 所示，包括名称、状态以及说明三个部分。在进行"名称"填写时，应注意在名称内不能够包含空格以及中文字符，否则可能会影响软件的正常操作。"说明"内容是用于对所添加的驱动信号量进行描述，便于用户在设置动作节点时能够看到所添加信号量的驱动内容。"状态"是用于定义信号量在未激活时的状态，在下拉选择框中包含如图 7-64 所示的"空闲"与"占用"两种选项。当选择"空闲"状态时，将默认设备为静止状态，当接收到信号后才会转换为占用状态，从而控制模型调用驱动文件进行运动；当选择"占用"状态时，模型将一直处于循环驱动状态，只有当接收到信号后才会转换为空闲状态并停止运动。

图 7-63　信号量添加功能的调用

图 7-64　信号量添加界面

根据附表 3 所示的参数将生产线仿真方案信号量组的全部信号量进行创建设置。添加的信号量会相应地增加到导航树中的"信号量"节点下，如图 7-65 所示。

（4）运动节点组的添加与设置　选择"动作节点组"节点后，单击鼠标右键弹出"创建"和"优先级"两项，如图 7-66 所示。单击"创建"弹出"创建节点"窗口。

图 7-65　信号量设置后导航树的结构

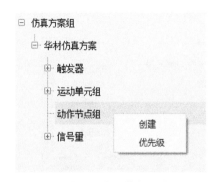

图 7-66　动作节点创建

在如图 7-67 所示的"创建节点"窗口中，通过单击打开"运动单元"的下拉选择框后，在选项中选择待创建动作节点的运动单元模型名称，例如 HSR612 – 1 机器人。

动作节点表示信号量触发的动作内容，为了便于将两者进行联系，所以可以将动作节点的名称与信号量名称重复，例如创建动作节点名称为"MR – GetObjAndTrans"，如图 7-68 所示。节点类型目前仅支持"通用节点"，单击【确认】按钮，完成动作节点的创建。

图 7-67　创建动作节点界面　　　　　　　　图 7-68　创建动作节点示例

添加了该动作节点后，选择"MR – GetObjAndTrans"节点，单击鼠标右键并选择"选择工步"，为动作节点添加工步对象，如图 7-69 所示。

在弹出的如图 7-70 所示的"选择工步"窗口中就会将所选择的"HSR612 – 1"机器人所有工步进行显示。MR – GetObjAndTrans 动作节点中包括了从货架取料与取料后进行姿态变换两个工步，所以在"可选工步"中选择："MaterialRobot – 01 – GetObject"和"Material-Robot – 02 – TransPos"两个工步。最后单击【确定】按钮，完成工步选择操作。

图 7-69　选择工步功能调用

图 7-70　选择工步

在将动作节点的工步内容添加完成后，就要添加动作节点的触发条件。右键单击"MR－GetObjAndTrans"节点，单击图7-71所示的"执行条件"，打开"执行条件"窗口。

执行条件表示当信号量满足条件时，执行动作节点的相应运动。单击 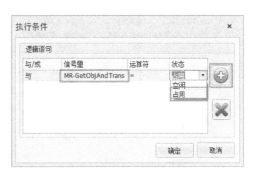 按钮，添加一条逻辑语句，之后按照图7-72所示的参数进行设置。图中"与"逻辑语句的具体含义为：信号量"MR－GetObjAndTrans"的状态为"占用"时，执行动作节点 MR－GetObjAndTrans 的相关运动，执行条件："MR－GetObjAndTrans = 占用"。

图7-71 设置执行条件

图7-72 执行条件设置

在将执行条件设置完成后，就要进行信号量逻辑触发设置。右键单击"MR－GetObjAndTrans"节点，单击"信号量设置"，如图7-73所示，打开"信号量设置"窗口。

在"信号量设置"窗口中，单击图7-74所示的"当前工步"下拉选择框，在工步列表中选择"MaterialRobot－01－GetObject"工步对象，之后根据"信号量说明"内容在信号量名称列中选择"MR－GetObjAndTrans"。被选中的信号量将显示在"当前信号量"的文本框内，在"使用方式"下拉选择框中选择"开始后空闲"，单击【设置】按钮，信号量列表中"MaterialRobot－01－GetObject"的使用方式将更新为"开始后空闲"，即表示当工步动作完成后，信号量变换为空闲状态。

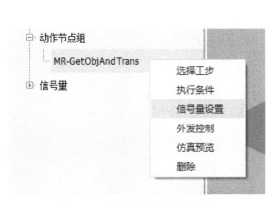

图7-73 信号量设置功能调用

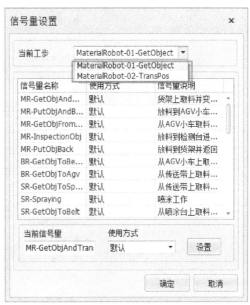

图7-74 信号量设置

在"当前工步"下拉选择框中选择"MaterialRobot－02－TransPos"，按照相同操作步骤将"RT－BtoA"信号量设置为"结束后占用"，如图 7-75 所示。即表示在当前工步运动完成后，为"RT－BtoA"信号量发送触发信号，驱动对应信号量的动作节点运动内容。

图 7-75　信号量设置具体操作

按照附表 4 中的参数内容，通过相同的操作步骤与运行逻辑完成后续动作节点的创建。在将所有动作节点创建完成后，在动作节点组根节点下就会生成如图 7-76 所示动作子节点。

图 7-76　动作节点添加后的导航树

（5）添加初始触发器 将生产线运动逻辑创建完成后，还需要添加一个触发器，用于驱动生产线中第一个运动的执行，之后根据动作逻辑完成生产线全流程的运动仿真。在选中"初始触发器"后单击鼠标右键选择如图7-77所示的"编辑"，打开"添加触发器"窗口。

在本项目中生产线的起始运动为AGV小车由起始位置A处到达货架机器人B处，所以在图7-78所示的初始触发器节点处设置信号量"AGV-ToMR"为"占有"。

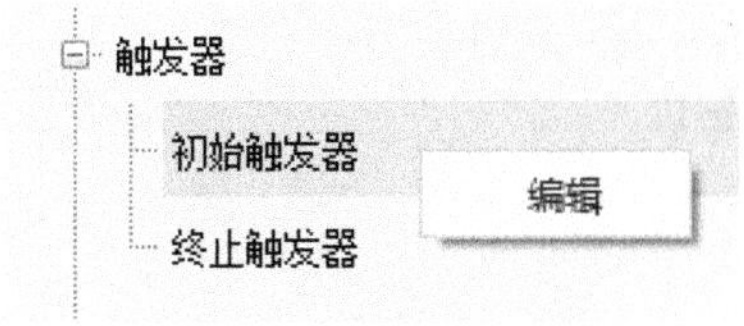

图7-77 添加触发器功能调用

图7-78 "添加触发器"窗口

（6）生产线整体仿真 在将仿真方案创建完成之后就能够进行生产线的运动仿真。选择如图7-79所示的"华材仿真方案"节点后，右键单击并选择"运动仿真"，打开"生产线运动仿真"窗口。

如图7-80所示即为当前生产线方案的仿真窗口，窗口含信号量列表、仿真控制以及仿真用时等部分。

图7-79 运动仿真功能调用

图7-80 "生产线运动仿真"窗口

为了便于用户进行生产线节拍控制，在 InteRobot 软件中为用户添加了如图 7-81 所示的"节拍管理"功能。在打开的显示窗口中，可以观测到生产线仿真运动过程中，每一个动作、工步以及整体方案进行运动时所需要使用的时间。因此也可帮助操作者进行不同布局方式的节拍预测，从而选择具有最佳节拍流程的布局放置。

动作节点	工步名称	工步用时	节点用时	方案用时
AGV-BackSR	AgvPath_Back1	3.000	6.000	
	AgvPath_Back2	3.000		
AGV-ToCR	AgvPath_Front2	3.000	3.000	
AGV-ToMR	AgvPath_Front1	3.000	3.000	
AGV-ToMR2	AgvPath_Front3	3.000	3.000	
BR-GetObjToAgv	BeltRobot-04-GetObject	3.000	7.000	
	BeltRobot-05-PutObject	2.000		101.000
	BeltRobot-06-Back	2.000		
BR-GetObjToBelt	BeltRobot-01-GetObject	2.000	7.000	
	BeltRobot-02-PutObject	2.000		
	BeltRobot-03-Back	3.000		
CB-ToLine1End	TrayLine1_Step2	1.000	1.000	
CB-ToLine1Mid	TrayLine1_Step1	1.000	1.000	
CB-ToLine2Mid	TrayLine2_Step3	1.000	1.000	
CB-ToLine2Start	TrayLine2_Step4	1.000	1.000	
CB-Carving	CarvingRobot_04_Carving	3.000	3.000	

图 7-81　"节拍管理"窗口

生产线仿真
方案创建

【任务拓展】

7.3.3　生产线外发控制与动作节点优先级

（1）外发控制　信号量与执行条件设置用于完成生产线中的单流程加工作业，即在相同时间内生产线中只能够进行一组工件的全周期仿真模拟。但在实际工业生产中，生产线往往能够同时进行多个工件的加工，因此就需要在仿真模拟中设置相应模块——外发控制。

外发控制即运动单元执行完当前动作节点后，读取动作节点的外部设置，向下一个或多个运动单元发送信号，促使所选运动单元开始检测其动作节点的触发条件。当运动单元满足驱动要求时，就会按照该运动单元工步内容运行。当在某一个工步节点中勾选"外发控制"的"最后一个动作节点"时，表示在该动作执行完成后向终止触发器发送触发信号。

选中动作节点名称后单击右键并选择"外发控制"，如图 7-82 所示，打开"外发控制"窗口。

"外发控制"窗口中，在如图 7-83 所示"下一运动单元"下拉选择框中选择设备，例如"HSR612－3"，之后单击【选择】按

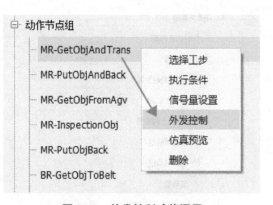

图 7-82　外发控制功能调用

钮，所选中的运动单元就将添加到"已选运动单元"列表中。即表示当本次运动节点完成后，就会为 HSR612-3 机器人发送信号，检测其触发条件。

选中"已选运动单元"中的设备名称，单击【撤销】按钮，就会将所选设备删除。

（2）调整动作节点优先级 选择运动单元后，还可以对其所有的动作节点进行优先级排序。仿真时若触发条件相同，将按照优先级排序执行。

图 7-83 "外发控制"窗口

选择动作节点组根节点后单击鼠标右键，在弹出的菜单中选择"优先级"，如图 7-84 所示，进入到"优先级设置"窗口。

如图 7-85 所示，在"优先级设置"窗口的"选择运动单元"下拉选择框中就会显示出所有运动单元。选中一个运动单元后，在"优先级排序"列表中就会显示出动作单元下的所有动作节点。在列表中选中动作节点名称后单击 ⬆️ ⬇️ 按钮，可对名称进行优先级排序。

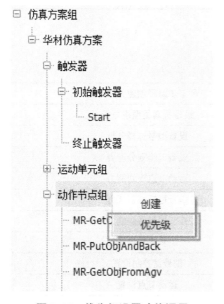

图 7-84 优先级设置功能调用

图 7-85 "优先级设置"窗口

思考与练习

填空题

1. InteRobot 离线编程软件中创建仿真方案需要进行_____、_____、_____、_____四个方面的设置。

2. 触发器用来触发仿真方案和结束仿真方案，分为_____、_____两种类型，可设置的内容相同。

3. 在进行信号量设置时，使用方式选项中有_____、_____、_____、_____四种。

4. 运动节点设置中包括_____、_____、_____、_____、_____以及删除六个部分。

判断题

5. 一条执行条件只可以设置一个触发要求。　　　　　　　　　　　　　　（　　）

问答题

6. "开始后占用"与"结束后空闲"执行条件一般分别用于什么场合？

7. 动作节点添加时应注意哪些内容？

8. 外发控制与执行条件在生产线仿真设置中的异同点是什么？

【项目总结】

项目名称			
项目内容			
知识概述			
自我评价	分析能力		三种工步路径创建方法对比
			设备所属类型组分析
			设备型号选择分析
	规划能力		设备工步划分能力
			运动节点规划能力
			信号逻辑规划能力
	应用技能		模型场景搭建能力
			工步参数设置
			信号量控制设置
			运动节点设置

【项目拓展】

3D 影印随动仿真训练

3D 影印生产线用于进行保温杯表面的影印，如图 7-86 所示。其工艺流程为：1#机器人从输送链取工件——→转盘上料——→转盘过位——→2#机器人从转盘取料——→上料到 1#丝印机——→下料到转盘——→3#机器人从转盘取料——→上料到 2#丝印机——→下料到转盘——→4#机器人从转盘取料——→上料到输送链。根据工艺流程依次完成生产线仿真环境布局、设备模型工步创建以及仿真方案设置。

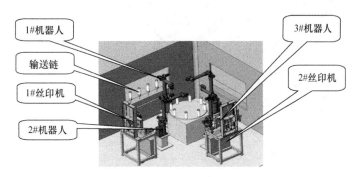

图 7-86　3D 影印随运仿真

附录

附　录　A

附表1　机器人的工步划分及设置参数

设备名称	工步	说明	导入路径文件	勾选对象
HSR612-1	工步1	到达货架取料点	MaterialRobot-01-GetObject.PRG	
	工步2	取料后变换姿态	MaterialRobot-02-TransPos.PRG	工作对象Workpiece,绑定TCP-0;工作对象Tray,绑定
	工步3	放料到AGV小车	MaterialRobot-03-PutObject.PRG	工作对象Workpiece,绑定TCP-0;工作对象Tray,绑定
	工步4	回到初始姿态	MaterialRobot-04-Back.PRG	
	工步5	到达AGV小车取料点	MaterialRobot-05_GetObject.PRG	
	工步6	取料后变换姿态	MaterialRobot-06-TransPos.PRG	工作对象Workpiece,绑定TCP-0;工作对象Tray,绑定
	工步7	放料到检测台	MaterialRobot-07-PutInspection.PRG	工作对象Workpiece,绑定TCP-0;工作对象Tray,绑定
	工步8	进行物料检测	MaterialRobot-08-Inspection.PRG	
	工步9	从检测台取料并返回	MaterialRobot-09-GetObjectBack.PRG	工作对象Workpiece,绑定TCP-0;工作对象Tray,绑定
	工步10	放料到货架放料点	MaterialRobot-10-PutObject.PRG	工作对象Workpiece,绑定TCP-0;工作对象Tray,绑定
	工步11	回到初始姿态	MaterialRobot-11-Back.PRG	
HSR612-2	工步1	到达AGV小车取料点	BeltRobot-01-GetObject.PRG	
	工步2	取料后放料到传送带上	BeltRobot-02-PutObject.PRG	工作对象Workpiece,绑定TCP-0;工作对象Tray,绑定
	工步3	回归初始姿态	BeltRobot-03-Back.PRG	
	工步4	到达传送带取料点	BeltRobot-04-GetObject.PRG	
	工步5	取料后放料到AGV小车	BeltRobot-05-PutObject.PRG	工作对象Workpiece,绑定TCP-0;工作对象Tray,绑定
	工步6	回归初始姿态	BeltRobot-06-Back.PRG	

（续）

设备名称	工步	说明	导入路径文件	勾选对象
HSR612-3	工步1	到达 Lift2 取料点	SprayingRobot-01-GetObject. PRG	
	工步2	取料后放料到喷涂台	SprayingRobot-02-PutSpraying. PRG	工作对象 Workpiece，绑定 TCP-1
	工步3	回归初始姿态	SprayingRobot-03-Back. PRG	
	工步4	进行喷涂	SprayingRobot-04-Spraying. PRG	
	工步5	到达喷涂台取料点	SprayingRobot-05_ GetObject. PRG	
	工步6	取料后放料到 Lift2	SprayingRobot-06_ PutObject. PRG	工作对象 Workpiece，绑定 TCP-1
	工步7	回归初始姿态	SprayingRobot-07-Back. PRG	
HSR630-4	工步1	到达 Lift1 取料点	CarvingRobot-01-GetObject. PRG	
	工步2	取料后放料到雕刻台	CarvingRobot-02-PutCarving. PRG	工作对象 Workpiece，绑定 TCP-2
	工步3	回归初始姿态	CarvingRobot-03-Back. PRG	
	工步4	进行雕刻	CarvingRobot-04-Carving. PRG	
	工步5	到达雕刻台取料点	CarvingRobot-05_ GetObject. PRG	
	工步6	取料后放料到 Lift1	CarvingRobot-06-PutObject. PRG	工作对象 Workpiece，绑定 TCP-2
	工步7	回归初始姿态	CarvingRobot-07-Back. PRG	

附表2　其他设备工步划分及设置参数

设备名称	工步	说明	导入路径文件	勾选对象1	勾选对象2
Lift1	工步1	Lift1 上升	LiftUp. PRG	勾选工作对象 Workpiece，位置参数：X = 0.000、Y = 0.000、Z = 390.000、RZ = 0.000、RY = 0.000、RZ′ = 0.000	勾选工作对象 Tray，位置参数：X = 0.000、Y = 0.000、Z = 390.000、RZ = 0.000、RY = 0.000、RZ′ = 90.000
	工步2	Lift1 下降	LiftDown. PRG	勾选工作对象 Workpiece，位置参数：X = 0.000、Y = 0.000、Z = 390.000、RZ = 0.000、RY = 0.000、RZ′ = 0.000	勾选工作对象 Tray，位置参数：X = 0.000、Y = 0.000、Z = 390.000、RZ = 0.000、RY = 0.000、RZ′ = 90.000

（续）

设备名称	工步	说明	导入路径文件	勾选对象1	勾选对象2
Lift2	工步1	Lift2 上升	LiftUp. PRG	勾选工作对象 Workpiece，位置参数：X = 0.000、Y = 0.000、Z = 390.000、RZ = 0.000、RY = 0.000、RZ′ = 0.000	勾选工作对象 Tray，位置参数：X = 0.000、Y = 0.000、Z = 390.000、RZ = 0.000、RY = 0.000、RZ′ = 90.000
	工步2	Lift2 上升	LiftDown. PRG	勾选工作对象 Workpiece，位置参数：X = 0.000、Y = 0.000、Z = 390.000、RZ = 0.000、RY = 0.000、RZ′ = 0.000	勾选工作对象 Tray，位置参数：X = 0.000、Y = 0.000、Z = 390.000、RZ = 0.000、RY = 0.000、RZ′ = 90.000
Robot Tray	工步1	C→B	RobotTra y_CtoB . PRG	勾选机器人 HSR612 - 1	
	工步2	B→A	RobotTra y_BtoA . PRG	勾选机器人 HSR612 - 1、勾选工作对象 Workpiece，位置参数：X = 462.157、Y = - 620.061、Z = 992.000、RZ = 0.000、RY = 0.000、RZ′ = 0.000	勾选工作对象 Tray，位置参数：X = 462.157、Y = - 620.061、Z = 992.000、RZ = 0.000、RY = 0.000、RZ′ = 0.000
	工步3	A→B	RobotTra y_AtoB . PRG	勾选机器人 HSR612 - 1、勾选工作对象 Workpiece，位置参数：X = 530.000、Y = - 830.061、Z = 544.000、RZ = 0.000、RY = 0.000、RZ′ = 0.000	勾选工作对象 Tray，位置参数：X = 530.000、Y = - 830.061、Z = 544.000、RZ = 0.000、RY = 0.000、RZ′ = 90.000
	工步4	A→C	RobotTra y_AtoC . PRG	勾选机器人 HSR612 - 1	
	工步5	B→C	RobotTra y_BtoC . PRG	勾选机器人 HSR612 - 1、勾选工作对象 Workpiece，位置参数：X = - 848.526、Y = 0.000、Z = 709.000、RZ = 0.000、RY = 0.000、RZ′ = 0.000	勾选工作对象 Tray，位置参数：X = - 848.526、Y = 0.000、Z = 709.000、RZ = 0.000、RY = 0.000、RZ′ = 90.000
	工步6	C→A	RobotTra y_CtoA . PRG	勾选机器人 HSR612 - 1	
AGV	工步1	小车前进到货架处	AgvPath_Frontl . PRG		
	工步2	小车前进到雕刻台旁	AgvPath_Front2 . PRG	勾选工作对象 Workpiece，位置参数：X = 50.000、Y = 0.000、Z = 285.000、RZ = 0.000、RY = 0.000、RZ′ = 0.000	勾选工作对象 Tray，位置参数：X = 50.000、Y = 0.000、Z = 285.000、RZ = 0.000、RY = 0.000、RZ′ = 90.000

（续）

设备名称	工步	说明	导入路径文件	勾选对象1	勾选对象2
AGV	工步3	小车退回到货架处	AgvPath_Backl.PRG		
	工步4	小车退回到喷涂台旁	AgvPath_Back2.PRG		
	工步5	小车带工件前进到货架处	AgvPath_Front3(1).PRG	勾选工作对象 Tray，位置参数：X = 50.000、Y = 0.000、Z = 285.000、RZ = 0.000、RY = 0.000、RZ′ = 90.000	勾选工作对象 Tray，位置参数：X = 50.000、Y = 0.000、Z = 285.000、RZ = 0.000、RY = 0.000、RZ′ = 90.000
Line Trans	工步1	传送带换线	TranLine To.PRG	勾选工作对象 Workpiece，位置参数：X = 0.000、Y = 308.550、Z = −250.000、RZ = 0.000、RY = 0.000、RZ′ = 0.000	勾选工作对象 Tray，位置参数：X = 0.000、Y = 308.550、Z = − 250.000、RZ = 0.000、RY = 0.000、RZ′ = 0.000
	工步2	返回	TranLine Back.PRG		
Conveyer Belt	工步1	到达传送线1中间点	TrayLine l_Step1.PRG	勾选工作对象 Workpiece，位置参数：X = − 182.850、Y = 110.000、Z = 975.000、RZ = 0.000、RY = 0.000、RZ′ = 0.000	勾选工作对象 Tray，位置参数：X = − 182.850、Y = 110.000、Z = 975.000、RZ = 0.000、RY = 0.000、RZ′ = 90.000
	工步2	到达传送线1底部	TrayLine 1_Step2.PRG	勾选工作对象 Workpiece，位置参数：X = 1,189.970、Y = 110.000、Z = 975.000、RZ = 0.000、RY = 0.000、RZ′ = 0.000	勾选工作对象 Tray，位置参数：X = 1,189.970、Y = 110.000、Z = 975.000、RZ = 0.000、RY = 0.000、RZ′ = 90.000
	工步3	到达传送线2中间点	TrayLine l_Step3.PRG	勾选工作对象 Workpiece，位置参数：X = 2129.970、Y = 510.000、Z = 975.000、RZ = 0.000、RY = 0.000、RZ′ = 0.000	勾选工作对象 Tray，位置参数：X = 2129.97、Y = 510.000、Z = 975.000、RZ = 0.000、RY = 0.000、RZ′ = 90.000
	工步4	到达传送线2头部	TrayLine l_Step4.PRG	勾选工作对象 Workpiece，位置参数：X = 1189.97、Y = 510.000、Z = 975.000、RZ = 0.000、RY = 0.000、RZ′ = 0.000	勾选工作对象 Tray，位置参数：X = 1189.97 、Y = 510.000、Z = 975.000、RZ = 0.000、RY = 0.000、RZ′ = 90.000

机器人滑座定义导轨坐标点：

A：X = 1435.000　　Y = 2322.295　　Z = 480.000　　RZ = 0.000　　RY = 0.000　　RZ′ = 0.000

B：X = 1435.000　　Y = 172.295　　Z = 480.000　　RZ = 0.000　　RY = 0.000　　RZ′ = 0.000

C：X = 1435.000　　Y = 1247.295　　Z = 480.000　　RZ = 0.000　　RY = 0.000　　RZ′ = 0.000

附表 3　信号量设置参数

运动单元	名称	说明	状态
HSR612 - 1	MR - GetObjAndTrans	货架上取料并变换姿态	空闲
	MR - PutObjAndBack	放料到 AGV 小车并返回	空闲
	MR - GetObjFromAgv	从 AGV 小车取料并变换姿态	空闲
	MR - InspectionObj	放料到检测台进行检测并返回	空闲
	MR - PutObjBack	放料到货架并返回	空闲
HSR612 - 2	BR - GetObjToBelt	从 AGV 小车上取料并放置到传送带上	空闲
	BR - GetObjToAgv	从传送带上取料并放置到 AGV 小车上	空闲
HSR612 - 3	SR - GetObjToSpray	从传送带上取料并放置到喷涂台上	空闲
	SR - Spraying	喷涂工作	空闲
	SR - GetObjToBelt	从喷涂台上取料并放置到传送带上	空闲
HSR630 - 4	CR - GetObjToCarve	从传送带上取料并放置到雕刻台上	空闲
	CR - Carving	雕刻工作	空闲
	CR - GetObjToBelt	从雕刻台上取料并放置到传送带上	空闲
Lift1	Lift 1 - Up	Lift1 上升	空闲
	Lift 1 - Down	Lift1 下降	空闲
Lift2	Lift2 - Up	Lift2 上升	空闲
	Lift2 - Down	Lift2 下降	空闲
RobotTray	RT - AtoB	机器人底座 A→B	空闲
	RT - AtoC	机器人底座 A→C	空闲
	RT - BtoA	机器人底座 B→A	空闲
	RT - BtoC	机器人底座 B→C	空闲
	RT - CtoA	机器人底座 C→A	空闲
	RT - CtoB	机器人底座 C→B	空闲
AGV	AGV - ToMR	AGV 小车运动到货架机器人处	空闲
	AGV - ToCR	AGV 小车运动到雕刻机器人处	空闲
	AGV - BackSR	AGV 小车返回到喷涂机器人处	空闲
	AGV - ToMR2	AGV 小车带工件运动到货架机器人处	空闲
LineTrans	LT - TransTo	换线装置进行换线	空闲
	LT - TransBack	换线装置返回	空闲
ConveyerBelt	CB - ToLine1Mid	传送到线 1 的中间点	空闲
	CB - ToLine1End	传送到线 1 的底部	空闲
	CB - ToLine2Mid	传送到线 2 的中间点	空闲
	CB - ToLine2Start	传送到线 2 的开始点	空闲

附表4　运动节点设置参数

运动单元	动作节点名称	选择工步	执行条件	信号量设置	信号量状态
HSR612 − 1	MR − GetObjAndTrans	MaterialRobot − 01 − GetObject	MR − GetObjAndTrans = 占用	MR − GetObjAndTrans	开始后空闲
		MaterialRobot − 02 − TransPos		RT − BtoA	结束后占用
	MR − PutObjAndBack	MaterialRobot − 03 − PutObject	MR − PutObjAndBack = 占用	MR − PutObjAndBack	开始后空闲
		MaterialRobot − 04 − Back		RT − AtoC	结束后占用
	MR − GetObjFromAgv	MaterialRobot − 05 − GetObject	MR − GetObjFromAgv = 占用	MR − GetObjFromAgv	开始后空闲
		MaterialRobot − 06 − TransPos		RT − AtoB	结束后占用
	MR − InspectionObj	MaterialRobot − 07 − PutInspection	MR − InspectionObj = 占用	MR − InspectionObj	开始后空闲
		MaterialRobot − 08 − Inspection		/	/
		MaterialRobot − 09 − GetObjectBack		RT − BtoC	结束后占用
	MR − PutObjBack	MaterialRobot − 10 − PutObject	MR − PutObjBack = 占用	MR − PutObjBack	开始后空闲
		MaterialRobot − 11 − Back		/	/
HSR612 − 2	BR − GetObjToBelt	BeltRobot − 01 − GetObject	BR − GetObjToBelt − 占用	BR − GetObjToBelt	开始后空闲
		BeltRobot − 02 − PutObject		CB − ToLinelMid	结束后占用
		BeltRobot − 03 − Back		/	/
	BR − GetObjToAgv	BeltRobot − 04 − GetObject	BR − GetObjToAgv = 占用	BR − GetObjToAgv	开始后空闲
		BeltRobot − 05 − PutObject		AGV − ToMR2	结束后占用
		BeltRobot − 06 − Back		/	/

（续）

运动单元	动作节点名称	选择工步	执行条件	信号量设置	信号量状态
HSR612-3	SR-GetObjToSpray	SprayingRobot-01-GetObject	SR-GetObjToSpray=占用	SR-GetObjToSpray	开始后空闲
		SprayingRobot-02-PutSpraying		/	/
		SprayingRobot-03-Back		SR-Spraying	结束后占用
	SR-Spraying	SprayingRobot-04-Spraying	SR-Spraying=占用	SR-Spraying	开始后空闲
				SR-GetObjToBelt	结束后占用
	SR-GetObjToBelt	SprayingRobot-05-GetObject	SR-GetObjToBelt=占用	SR-GetObjToBelt	开始后空闲
		SprayingRobot-06-PutObject		Lift2-Down	结束后占用
		SprayingRobot-07-Back		/	/
HSR630-4	CR-GetObjToCarve	CarvingRobot-01-GetObject	CR-GetObjToCarve=占用	CR-GetObjToCarve	开始后空闲
		CarvingRobot-02-PutCarving		/	/
		CarvingRobot-03-Back		CR-Carving	结束后占用
	CR-Carving	CarvingRobot-04-Carving	CR Carving=占用	CR-Carving	开始后空闲
				CR-GetObjToBelt	结束后占用
	CR-GetObjToBelt	CarvingRobot-05-GetObject	CR-GetObjToBelt=占用	CR-GetObjToBelt	开始后空闲
		CarvingRobot-06-PutObject		Lift1-Down	结束后占用
		CarvingRobot-07-Back		/	/
Lift1	Lift1-Up	LiftUp	LiftUp=占用	CR-GetObjToCarve	结束后占用
				LiftUp	开始后空闲
	Lift1-Down	LiftDown	LiftDown=占用	LiftUp	开始后空闲
				CB-ToLine1End	结束后占用
Lift2	Lift2-Up	Lift2-Up	Lift2-Up=占用	SR-GetObjToSpray	结束后占用
				Lift2-Up	开始后空闲
	Lift2-Down	Lift2-Down	Lift2 Down=占用	Lift2-Down	开始后空闲
				CB_ToLine2Start	结束后占用

（续）

运动单元	动作节点名称	选择工步	执行条件	信号量设置	信号量状态
RobotTray	RT－AtoB	RT－AtoB	RT－AtoB＝占用	RT－AtoB	开始后空闲
				MR－InspectionObj	结束后占用
	RT－AtoC	RT－AtoC	RT－AtoC＝占用	RT－AtoC	开始后空闲
	RT－BtoA	RT－BtoA	RT－BtoA＝占用	RT－BtoA	开始后空闲
				MR－PutObjAndBack	结束后占用
	RT－BtoC	RT－BtoC	RT－BtoC＝占用	RT－BtoC	开始后空闲
				MR－PutObjBack	结束后占用
	RT－CtoA	RT－CtoA	RT－CtoA＝占用	RT－CtoA	开始后空闲
				MR－GetObjFromAgv	结束后占用
	RT－CtoB	RT－CtoB	RT－CtoB＝占用	RT－CtoB	开始后空闲
				MR－GetObjAndTrans	结束后占用
AGV	AGV－ToMR	AgvPath_Front1	AGV_ToMR＝占用	AGV－ToMR	开始后空闲
				RT－CtoB	结束后占用
	AGV－ToCR	AgvPath_Front2	AGV－ToCR＝占用	AGV－ToCR	开始后空闲
				BR－GetObjToBelt	结束后占用
	AGV－BackSR	AgvPath_Back1	AGV_BackSR＝占用	AGV－BackSR	开始后空闲
		AgvPath_Back2			
	AGV－ToMR2	AgvPath_Front1	AGV－ToMR2＝占用	AGV－ToMR2	结束后占用
				RT－CtoA	开始后空闲
LineTrans	LT－TransTo	LT－TransTo	CB－ToLine2Mid＝占用	CB－ToLine2Mid	结束后占用
			LT－TransTo＝占用	LT－TransTo	开始后空闲
	LT－TransBack	TranLineBack	LT－TransBack＝占用	LT－TransBack	开始后空闲
ConveyerBelt	CB－ToLine1Mid	TrayLine1_Step1	TrayLine1_Step1＝占用	CB－ToLine1Mid	开始后空闲
				Lift1－Up	结束后占用
	CB－ToLine1End	TrayLine1_Step2	TrayLine1_Step2＝占用	CB－ToLine1End	开始后空闲
				LT－TransTo	结束后占用
	CB－ToLine2Mid	TrayLine2_Step3	TrayLine2_Step3＝占用	CB－ToLine2Mid	开始后空闲
				LT－TransBack	结束后占用
				Lift 多－Up	结束后占用
	CB－ToLine2Start	TrayLine2_Step4	TrayLine1_Step4＝占用	CB－ToLine2Start	开始后空闲
				BR－GetObjToAgv	结束后占用

附　录　B

A

absolute accuracy	机器人绝对精度
additional axes	附加轴
articulated robot	关节型号机器人
automated palletizing	自动码垛

B

base coordinate system	基坐标系

C

continuous-path-controlled	轨迹控制
control system	控制系统
curve teaching	曲线示教

D

degrees of freedom	自由度
displacement machine	变位机
D-H parameters	D-H 参数

E

end effector	机器人末端执行器
expert system	专家系统

F

forward kinematics	正运动学

G

grinding process	磨削加工

H

hspad	示教器

I

intelligent manufacturing	智能制造
inverse kinematics	逆运动学

J

joint angle	关节角
joint model	关节模型

K

kinematics equation	运动学方程

M

manipulator programmable	可编程机械手
manufacturing	工业

multi degrees of freedom	多自由度

N

nominal payload	额定负载

O

off line programming	离线编程

P

part calibration	工件标定
polishing power head	打磨头
polishing robot	打磨机器人
pose	位姿

R

robot	机器人
robot Library	机器人库
robot model	机器人模型
robotics	机器人学

S

scara robot	Scara 机器人
six degrees of freedom	六自由度
straight teaching	直线示教
sensor	传感器
singularity	奇异性

T

tool coordinate system	工具坐标系
track teaching	轨迹示教
training platform	实训平台
trajectory planning	轨迹规划
technical parameter	技术参数
transmission device	传输设备

V

virtual simulation	虚拟仿真

W

welding equipment	焊接设备
weld trajectory	焊接轨迹
working envelope	工作空间
workpiece coordinate system	工件坐标系

参 考 文 献

1. 介党阳，寇萌，胡昭琳，等. 机器人离线编程技术现状及前景展望 [J]. 装备机械，2017 (03)：54－57.
2. 魏志丽，宋智广，郭瑞军. 工业机器人离线编程商业软件系统综述 [J]. 机械制造与自动化，2016，45 (06)：180－183.
3. 陈南江. 工业机器人离线编程与仿真 (ROBOGUIDE) [M]. 北京：人民邮电出版社，2018.
4. 邓华健. 机器人离线编程系统的开发及其应用 [D]. 广州：广东工业大学，2017.
5. JOHN CRAIG. 机器人学导论 [M]. 北京. 机械工业出版社，2018.
6. 宋月娥，吴林，田劲松，等. 用于机器人离线编程的工件标定算法研究 [J]. 哈尔滨工业大学学报，2002 (06)：735－738.
7. 熊有伦. 机器人学建模、控制与视觉 [M]. 武汉：华中科技大学出版社. 2018.
8. 叶伯生，郭显金，熊烁. 计及关节属性的 6 轴工业机器人反解算法 [J]. 华中科技大学学报 (自然科学版)，2013，41 (03)：68－72.
9. 刘显明. 五金打磨机器人离线编程技术研究及应用 [D]. 武汉：华中科技大学，2017.
10. 李志慧. 大型堆焊变位机关键技术研究 [D]. 天津：河北工业大学，2006.